Naturnahe Gärten

Wolfgang Hensel / Fotos von Jürgen Becker

NATURNAHE GÄRTEN

Die besten Pflanzen für jeden Standort

DVA

Inhalt

Die natürlichen Voraussetzungen

Der naturnahe, standortgerechte Garten

Bartiris und Lupinen (oben), *leuchtende Narzissen und Wiesenschaumkraut im taufeuchten Gras* (links), *das zarte Grün der Bäume, die ersten warmen Sonnenstrahlen: In Situationen wie dieser träumen wir uns in die unberührte Natur hinein und sind doch mitten in einem geplanten Garten. Wer die natürlichen Voraussetzungen seines Grundstücks nutzt und etwas Geduld mitbringt, kann solche naturnahen Paradiese mit standortgerechter Bepflanzung schaffen. Dabei braucht man weder botanisch »korrekte« Pflanzengesellschaften zu konzipieren noch auf prächtige Exoten zu verzichten – was einzig zählt ist die geeignete Pflanze für den jeweiligen Standort.*

Der Garten als biologisches System

Seite 2/3: *Sträucher und üppige Blattstauden (Funkien;* Hosta*) prägen das Erscheinungsbild dieses halbschattigen Standortes.*
Seite 6/7: *Rosen, die über alte Bäume klettern dürfen, zaubern die märchenhafte Atmosphäre eines Dornröschenschlosses hervor.*

»Ökologisch«, »naturnah« oder »Biogarten« sind zu Schlagworten geworden, die wir allzu häufig verwenden, ohne ernsthaft über ihre Bedeutung nachzudenken. »Irgendwie natürlich« soll der Garten aussehen – Dünger und »Chemie« sind selbstverständlich verpönt. Doch wenn die ersten Pflanzen kümmern statt üppig zu erblühen, wenn die Mundwerkzeuge fleißiger Insekten Blätter und Blüten der schönsten Pflanzen in Skelette verwandeln, dann fragt sich so mancher Gartenbesitzer doch, ob nicht eine Düngergabe hier und da oder das »garantiert bienenunschädliche« Spritzmittel, das der Fachverkäufer empfohlen hat, besser gewesen wäre, um den Garten zu retten.

Gärten sind empfindlich reagierende, biologische Systeme, deren einzelne Glieder wechselseitig voneinander abhängig sind. Pflanzen entziehen dem Gartenboden mineralische Nährstoffe, bauen mithilfe der Sonnenenergie organische Substanz auf und dienen als Nahrung für die Pflanzenfresser (zum Beispiel Schnecken oder Insekten). Fleischfresser (Vögel, Igel oder räuberische Insekten) ernähren sich von den Pflanzenfressern und letztlich landen alle Überreste im Boden, wo sie von Zersetzern abgebaut werden und den Pflanzenwurzeln wieder als Rohstoffe zur Verfügung stehen. Natürliche Kreisläufe dieser Art bilden die Grundlage jeglichen Lebens. Dabei ist es prinzipiell unerheblich, ob man große Einheiten, wie einen Regenwald, oder kleinere, wie ein Hochmoor oder eben einen Garten betrachtet. Allerdings unterscheiden sich Gärten in einer Reihe von Merkmalen ganz wesentlich von den natürlichen Lebensgemeinschaften:

◆ Gärten sind stets gestaltete Natur. Kein Gartenbesitzer wird ernsthaft daran interessiert sein, den Garten sich selbst zu überlassen, sondern wird ihn durch Gliederung und Bepflanzung möglichst optimal den eigenen Vorstellungen und Wünschen anpassen.
◆ Damit dienen unsere Gärten einem Zweck. Blumenbeete erfreuen uns mit Farbe, Duft und Struktur der Blüten. Obstbäume, Beerensträucher oder ein Gemüsegarten liefern ess-

Die Sitzbank fügt sich perfekt in ein Pflanzschema für den lichten Halbschatten ein, das vom Limonengrün des blühenden Frauenmantels (Alchemilla mollis)*, Pfingstrosen* (Paeonia)*, Rosen und einem wie zufällig angeflogenen Fingerhut* (Digitalis purpurea) *dominiert wird.*

bare Produkte. Wir errichten eine Pergola mit rankenden Pflanzen, weil wir gerne im lichten Schatten sitzen oder wir graben einen Teich aus, um die Geräusche und die Reflexionen des Wassers zu genießen.

◆ Auf diese Weise werden Gärten zu inselhaften Lebensgemeinschaften. Ein Blick über den Gartenzaun gleicht oft einem Sprung in eine völlig andere Welt: Große, makellose Rasenflächen grenzen an üppig bepflanzte Cottage-Garden-Beete; ein ruhiger Garten mit Gehölzen und geschützten Sitzplätzen liegt neben einem intensiv bewirtschafteten Nutzgarten mit Kräutern, Obst und Gemüse.

◆ In ökologischer Hinsicht stehen Gärten nur selten im natürlichen Gleichgewicht. Durch dichte Bepflanzung, Entnahme von Gartenprodukten, wie Blumen, Rasenschnitt, Gemüse und so weiter, entziehen wir dem System organisches Material. Unsere Auswahl an Gartenpflanzen und damit die Tiere, die wir anlocken, wird zwangsläufig vom Zweck des Gartens oder vom Zufall bestimmt. Dennoch bleiben Gärten selbstverständlich biologische Systeme. Wer die natürlichen Voraussetzungen seines Gartens kennt, sie akzeptiert und sich auf sie einlässt, kann diese Gesetzmäßigkeiten zu seinem Vorteil nutzen – nicht nur im oben beschworenen »Biogarten«, sondern in jedem Garten! Ziel dieses Buches ist es daher keineswegs, die Anlage und Pflege eines Biogartens im engeren Sinn vorzustellen, sondern den Blick zu schärfen für die Möglichkeiten, die gerade ein »normaler« Garten bietet.

Linke Seite: *Der gepflasterte Weg, sauber beschnittene Hecken und das gepflegte Erscheinungsbild der Gehölze* (Trompetenbaum) *und Blumen lassen keinen Zweifel – gerade die prachtvollsten Gärten sind gestaltete Natur.*

Standortgerechte Gartenplanung

Jeder Garten zeichnet sich durch eine einzigartige Kombination von Standortbedingungen und -faktoren aus, die sich auf sehr kleinem Raum ändern können. Die Verteilung von Licht und Schatten im Laufe des Tages gliedert den Garten – im Zusammenspiel mit Art und Zustand des Bodens oder einer eventuellen Geländeneigung – in ein Mosaik aus Standorten oder Lebensbereichen.

In eine standortgerechte und damit naturnahe Gartenplanung fließen diese Bedingungen mit unterschiedlichem Blickwinkel ein:

◆ Vom Standort zur Gestaltungsidee: Welche Pflanzen fühlen sich an einem bestimmten Standort wohl und welche Gestaltungsmöglichkeiten ergeben sich daraus?

◆ Von der Gestaltungsidee zur Bepflanzung: Welche Pflanzen kommen infrage, wenn ich eine Gestaltungsidee an einer bestimmten Stelle des Gartens verwirklichen möchte? Belichtung, Bodenart und Feuchte eines Standortes bestimmen darüber, welche Pflanzen sich mit einem minimalen Pflegeaufwand dort wohl fühlen. Standortgerechte Pflanzen gedeihen besser, sie sind gesünder und widerstandsfähiger gegenüber Krankheiten und Schädlingen – ein weiterer Grund, die Standortfaktoren seines Gartens zu kennen und zu berücksichtigen.

In der Tat schränkt die konsequente Berücksichtigung standortgerechter Pflanzen den Gestaltungsspielraum kaum ein, da eine Vielzahl von Arten und Sorten für alle Gartenbereiche existieren – von der vollsonnigen Rabatte bis zum Schattenbeet. In der Regel zeichnen sich Zuchtformen, mit Ausnahme mancher Hybriden, durch die gleichen Ansprüche wie ihre »wilden« Eltern aus. Ein naturnaher Garten verzichtet also keineswegs auf exotische Arten, sie werden allerdings gezielt am optimalen Standort platziert.

Oben: *Diese Gartenszene könnte auch in der Natur spielen: Bachlauf, Steg und die bewusst zufällig wirkende Bepflanzung scheinen einen »wilden« Aspekt nachzuzeichnen.*
Linke Seite oben: *Hochbeete eignen sich bestens, um bei gegebenen Licht- die Bodenverhältnisse zu verändern – auf sauren, basischen, staunassen oder sehr trockenen Böden fungieren sie als überdimensionale Blumentöpfe mit »fremdem« Substrat.*
Linke Seite unten: *Der kugelige Buchsbaum und die Gartenplastik geben dem halbschattigen Beet Charakter.*

Die Standortbedingungen

Die großen Rahmenbedingungen liefern das Klima einer Region (Sonnenscheindauer, Durchschnittstemperaturen und Regenmenge) und das Ursprungsgestein (Bodenart und -typ). Wesentlicher für das Wachstum der Pflanzen ist jedoch das am speziellen Standort herrschende Kleinklima: Es wird bestimmt durch das zur Verfügung stehende Licht, die Verfügbarkeit von mineralischen Nährstoffen und Wasser.

Das Sonnenlicht

Das Licht der Sonne ist ein Energiestrom, dessen Strahlung sich als Wärme (Infrarot), sichtbares und ultraviolettes Licht (ultrakurzwellige Strahlung) manifestiert. In der Fotosynthese »verwerten« Pflanzen den Anteil des Energiestromes, der sich etwa mit dem sichtbaren Licht deckt – nur Grün wird vom Chlorophyll, dem wichtigsten Fotosynthese-Farbstoff, reflektiert.

Wie rasch und kleinräumig sich das Sonnenlicht ändern kann, zeigt ein Spaziergang durch einen größeren Stadtpark: Führt der Weg über eine Rasenfläche, empfinden wir das direkte Sonnenlicht als grell und warm. Sobald sich jedoch eine Wolke vor die Sonne schiebt, wird es spürbar kühler und das Licht erscheint gedämpft. Auch im Randbereich eines lichten Gehölzes empfinden wir Kühle, die im Inneren des Gehölzes noch deutlicher wird. Hier ist das Licht, je nach Baumart, so stark gedämpft, dass wir unsere Sonnenbrille abnehmen. Auf einer von hohen Bäumen abgeschirmten Fläche wird es zwar wieder hell, wegen der fehlenden direkten Strahlung ist es jedoch deutlich kühler als auf dem freien Rasen.

An jedem dieser Standorte herrschen unterschiedliche Strahlungsbedingungen: So gelangen in einem kahlen Laubwald an einem Frühlingstag etwa 50 bis 70 Prozent des Lichtes bis auf den Erdboden, während es im Sommer nur noch 10 bis 20 Prozent sind. In einem dichten Nadelwald, wo fast das gesamte Licht durch die Bäume abgefangen wird, bleiben am Boden gerade einmal 1 Prozent Licht übrig – hier ist nur noch Platz für extreme Spezialisten. Selbst in einer natürlichen, dicht bewachsenen Sommerwiese, deren Oberfläche 100 Prozent der Strahlung erhält, gelangen höchstens 5 Prozent des Sonnenlichtes bis auf den Erdboden.

Natürlich vorkommende Pflanzen haben sich im Laufe der Evolution an solche Standortbedingungen angepasst: Ihre Samen fallen meist in der Umgebung der Elternpflanze zu Boden, wo sie die besten Bedingungen vorfinden. Sollte sich ein Samen an den »falschen« Standort verirren, kann er sich gegenüber den besser angepassten, standortgerechten Pflanzen kaum durchsetzen.

Ein Garten dieser Größe bleibt für die meisten Hausbesitzer ein Traum; seine prägenden Elemente – Wasserlauf mit Randbepflanzung – lassen sich jedoch auch in kleinem Maßstab verwirklichen.

Auch im Garten wird eine bestimmte Pflanzenart nur dann optimal gedeihen, wenn sie die ihr zusagenden Lichtverhältnisse vorfindet. Eine Sonnenstaude, die in den Halbschatten eines Gehölzes gepflanzt wurde, geht zwar nicht unmittelbar ein, letztlich wird sie jedoch nur spärlich blühen und verkümmern, weil ihr die Lichtmenge nicht genügt. Andererseits würde eine Schattenpflanze in der Sonne regelrecht verbrennen, weil ihr alle Voraussetzungen für ein Leben in der Sonne fehlen. Dieses Phänomen ist einer der Gründe dafür, dass Unkräuter so enorm erfolgreich sind – es sind die jeweils am besten angepassten Pflanzen.

◆ Durch geschickte Auswahl standortgerechter Pflanzen schaffen Sie die Voraussetzungen für optimalen Wuchs und hohe Konkurrenzfähigkeit.

Der Boden

Die Versorgung einer Pflanze mit Nährstoffen und Wasser wird über den Boden vermittelt, der damit ganz wesentlich zum Wachstum der Pflanzen beiträgt.

Voraussetzung jeglicher Bodenbildung ist das Vorhandensein von Gesteinen, die durch Verwitterung oder Verlagerung zerkleinert und verändert werden. Die ursprünglichsten Gesteine sind die Erstarrungsgesteine, die auch heute noch bei jedem Vulkanausbruch in Form von Lava an die Erdoberfläche treten. Basalte, Granite, aber auch so leichte Gesteine wie Bims, gehören in diese Gruppe. Die mengenmäßig wichtigste Gesteinsgruppe (ca. 75 Prozent der Erdoberfläche) sind jedoch die Sediment- oder Absatzgesteine. Sie entstehen dort, wo verwitterte Gesteine durch Wasser oder Wind abgelagert werden. Flusskies und Sande, Schlick oder Tone gehören in diese Gruppe. Durch den Druck aufeinander geschichteter Sedimente können sich solche Lockergesteine verfestigen, sodass sich zum Beispiel Sand zu Sandstein verdichtet. Zur Gruppe der Sedimentgesteine gehören aber auch der Kalkstein, der aus stark zusammengepressten Überresten tierischer Kalkschalen besteht, oder die Steinkohle aus verfestigten Pflanzenresten. Alle diese Gesteine können durch Bewegungen der Erdkruste in tiefere

Da Aronstab (Arum maculatum) auch am natürlichen Standort mit wenig Licht auskommt, ist er geradezu prädestiniert für den feuchten Schatten unter Bäumen und Sträuchern. Nach den Blüten sorgen die leuchtenden Früchte für Farbe; als Bodendecker dazwischen bietet sich zum Beispiel eine panaschierte Taubnessel (Sorten von Lamium maculatum) an.

Erdschichten gelangen und sich dort unter hohem Druck und Temperaturen zu Umwandlungsgesteinen, wie Marmor oder Tonschiefer, verändern.

◆ Das Ausgangsgestein bestimmt die mineralische Zusammensetzung des Bodens und die Korngröße seiner Teilchen und so die Fähigkeit, Wasser und Mineralien zu speichern. Neben diesen Vorgängen, die sich auf unserer Erde seit vielen Millionen von Jahren in langen Zyklen wiederholen (die ältesten bekannten Gesteine sind über 4 Milliarden Jahre alt), wird die Fruchtbarkeit eines Bodens maßgeblich von seinen organischen Anteilen, das heißt von den Bodenlebewesen und den Auswirkungen ihrer Tätigkeit bestimmt. In einer Hand voll guten Bodens findet man mehr Bodentiere, Pflanzen, Pilze und Bakterien als Menschen auf der Erde leben. In einem kontinuierlichen, dynamischen Kreislauf nehmen sie Bodenminerale auf und sorgen dafür, dass jegliches organische Material zersetzt und in seine Bestandteile zerlegt wird. In seiner Gesamtheit wird das organische Material eines Bodens als Humus bezeichnet. Der Boden eines Laubwaldes ist humusreich, während die Sandböden einer Heide extrem arm an Humus sind; gute Gartenerde (»Mutterboden«) nimmt etwa eine Mittelstellung ein. Den höchsten Gehalt an Humus (über 30 Prozent des Bodengewichtes) besitzen Moorböden, deren unzersetztes organisches Material als Torf angeboten wird.

Oben: *Wer denkt bei diesem Beet nicht an sonnige Sommertage? Sonnen-* (Helianthus annuus) *und Studentenblumen* (Tagetes), *Sonnenhut* (Rudbeckia) *und die flaumigen Ähren des Federborstengrases* (Pennisetum alopecuroides) *brauchen in der Tat einen offenen Standort.*
Unten: Ganz anders das zarte Alpenveilchen (Cyclamen)*; es gibt sich mit wenig Licht zufrieden – nur locker muss der Boden sein.*

◆ Die organischen Anteile eines Bodens bestimmen die Fruchtbarkeit und Gesundheit des Gartenbodens; je dunkler ein Boden, desto höher sein organischer Anteil.

Standortgerechte Gartenpflanzen

Wie alle Lebewesen sind auch die Pflanzen der Evolution unterworfen, das heißt sie mussten sich während vieler Millionen von Jahren immer wieder neu an die jeweils bestehende Umwelt anpassen. Da die Uhr der Evolution nur unendlich langsam tickt, kann man die Evolution allerdings nur »sehen«, wenn man die versteinerten Zeugnisse vorzeitlicher Pflanzen mit den heute lebenden Arten vergleicht. Selbstverständlich entwickeln sich auch heutige Pflanzen ständig weiter; wegen der langsam tickenden Uhr der Evolution ist es jedoch innerhalb von einigen Menschengenerationen kaum möglich, Veränderungen wahrzunehmen. Daher erscheinen uns die Pflanzen und Tiere in unserer Natur so unveränderlich und stabil: Wer als Kind durch einen Buchenwald gewandert ist, wird diesen Waldtyp und seine Pflanzen auch als Erwachsener sofort wiedererkennen.

Die auf Charles Darwin zurückgehende Theorie der Evolution basiert auf der spontanen Veränderung des Erbguts und einer daraus folgenden Anpassung an die Umwelt. Bei einer einzigen mehrjährigen Pflanzenart geht die Evolution vereinfacht folgenden Weg: Immer wieder entstehen völlig zufällig individuelle Pflanzen, deren genetisches Material (Erbgut) in kleinen und kleinsten Eigenschaften von dem ihrer Eltern abweicht. In einer weitgehend stabilen Umwelt ändert sich für diesen genetisch etwas abweichenden Organismus nichts – er lebt, hat Nachkommen und wird sterben.

Verändert sich jedoch die Umwelt – beispielsweise eine Klimaänderung zu höheren Temperaturen –, haben alle jene Pflanzen-Individuen einen Vorteil, die dank ihres veränderten Erbgutes besser mit den gestiegenen Temperaturen zurechtkommen. Sie werden älter und haben mehr Nachkommen. Unter den Nachkommen werden sich ebenfalls jene durchsetzen, die besonders gut an die hohen Temperaturen angepasst sind. Schließlich entsteht eine neue Population, die bestens mit der Hitze zurechtkommt. Solche Anpassungen können alle Bereiche umfassen, von der Größe und dem Aussehen der Pflanzen bis hin zu physiologischen und biochemischen Aspekten.

Betrachtet man nicht nur die Population einer einzigen Pflanzenart, sondern alle Tier- und Pflanzenarten einer bestimmten Region, sorgt die Evolution dafür, dass gut aufeinander abgestimmte Lebensgemeinschaften entstehen, in denen voneinander abhängige Pflanzen, Pflanzenfresser, Raubtiere und Zersetzer leben – jede Art in einer ideal passenden Nische. Damit schließt sich der Kreis zu den Gartenpflanzen.

Ob heimische oder exotische Arten, natürliche oder Zuchtformen, jede Pflanze hat einen idealen Standort. So stammen wilde Tulpen ursprünglich aus steppenartigen Landschaften mit sandigen Böden und heißen, trockenen Sommern. Wenn die Blätter unserer Gartentulpen im Frühsommer verdorren und sich die

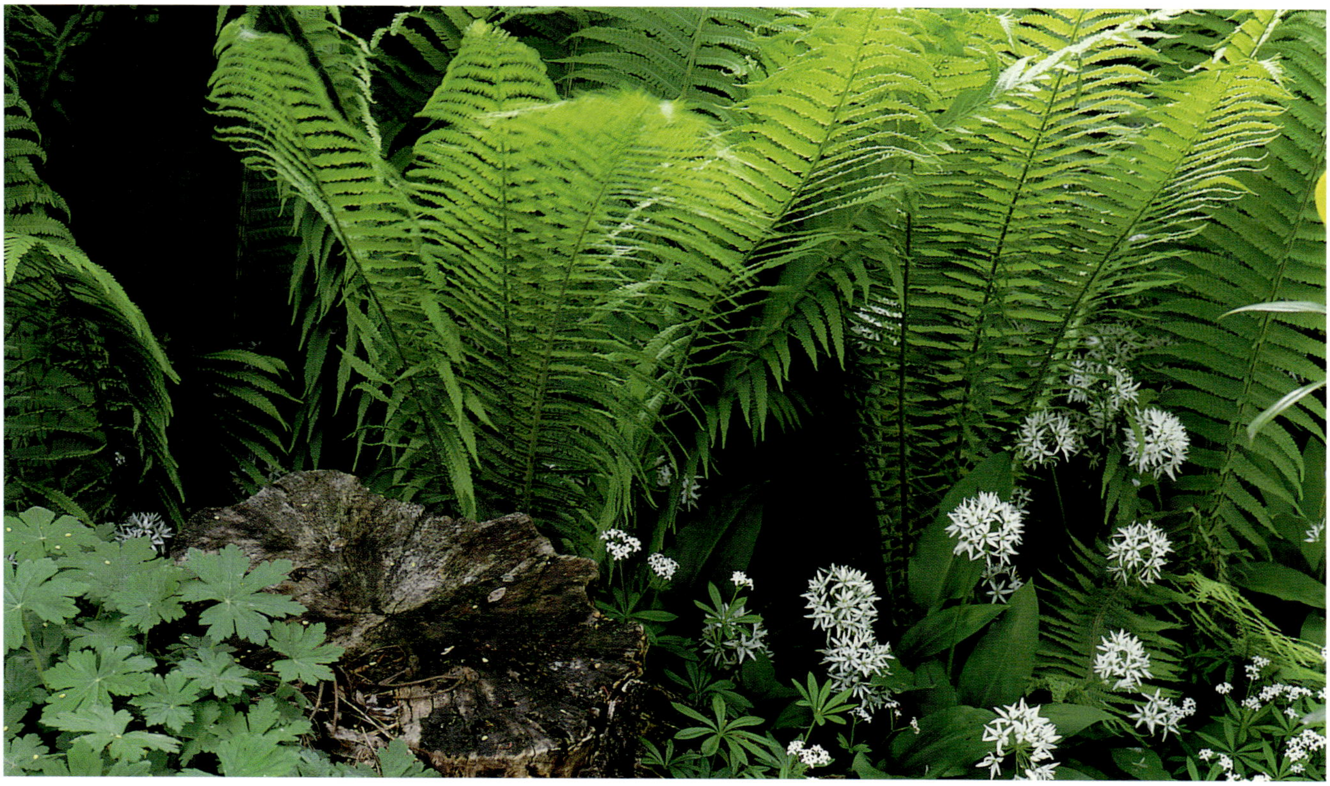

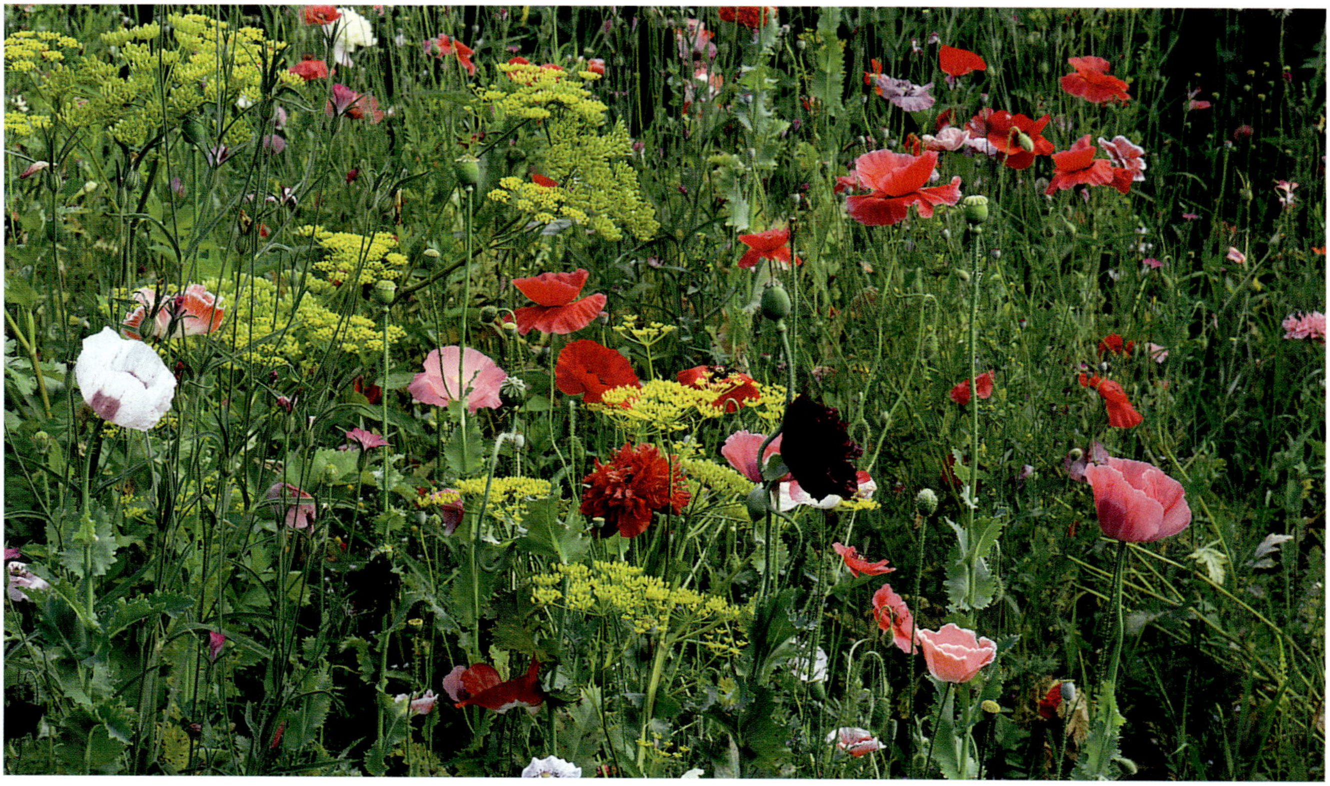

Im Frühling gehören die großblütigen Magnolien zu den spektakulärsten Solitären des Gartens. Als Unterwuchs eignen sich alle früh blühenden Zwiebel- und Knollenpflanzen, sowie Waldstauden, die sich im feuchten, leicht sauren Boden wohl fühlen, den Magnolien lieben. Während des Sommers überzeugt das saftige Grün der Magnolienblätter und – bei älteren Exemplaren – die attraktive Wuchsform.

Pflanzen zurückziehen, erleben wir immer noch die Anpassung an die unwirtlichen Sommer der Tulpenheimat. Wer viele Jahre etwas von seinen Tulpen haben möchte, muss sie daher entweder trocken im Keller »übersommern« oder bei der Pflanzung auf effektiven Wasserabfluss achten – Staunässe wäre im Wortsinne tödlich.

Ein anderes Beispiel: Die Lichtintensität ist unter dem Blätterdach eines Waldes sehr viel geringer als an einem freien Standort. Daher überleben hier nur Pflanzen, die mit dieser geringen Lichtmenge Fotosynthese betreiben können (zum Beispiel Farne und manche Waldstauden). Es gibt aber auch Spezialisten, die das Problem einfach zeitlich umgehen.

Frühblüher keimen und blühen, bevor die Laubbäume ihre Blätter tragen. Alpenveilchen, Buschwindröschen, Nieswurz (»Christrose«) und einige Veilchen gehören in diese Gruppe. Im Garten wachsen sie unter Bäumen oder Sträuchern, wo sie vor der Hitze des Sommers geschützt sind. Da solchen Pflanzen wirkungsvolle Mechanismen fehlen, die sie im Sommer vor Hitze oder Austrocknung schützen könnten, macht es keinen Sinn, Halbschatten- oder Schattenpflanzen in die Sonne zu pflanzen und kräftig zu gießen – die Evolution hat sie nicht mit dem genetischen Programm für die Besiedelung von Sonnenstandorten »ausgerüstet«.

Wenn wir diese Anpassungen nicht leichtfertig

ignorieren oder gar gegen sie arbeiten, sondern sie bewusst annehmen und als Entscheidungskriterium beim Kauf der Gartenpflanzen nutzen, entsteht ein standortgerecht bepflanzter Garten; ein Garten, der nicht gegen die Natur angelegt wurde sondern mit ihr. Ob die Steppen- und Waldpflanzen – um bei den beiden Beispielen zu bleiben – aus Mitteleuropa, Amerika oder Asien stammen, spielt keine Rolle, nur der Standort muss stimmen! Selbst »exotische« Zuchtpflanzen fügen sich völlig problemlos in ein standortgerechtes Pflanzschema ein. Da Züchter in erster Linie an ästhetischen »Verbesserungen« interessiert sind, bleiben die Standortanpassungen der wilden Eltern häufig erhalten.

Sobald man seinen Blick etwas geschärft hat, fallen viele charakteristische Standortanpassungen unmittelbar ins Auge: Silbrig schimmernde Blätter tragen fast immer mikroskopisch kleine Haare, die starkes Sonnenlicht reflektieren und damit kühlend wirken – typisch für Pflanzen offener, heißer Standorte. Sind die Blätter fleischig verdickt, muss die Sonnenpflanze zusätzlich Wasser speichern – typisch für viele Pflanzen felsiger, wasserarmer Standorte. Große, weiche, lappige Blätter bieten dagegen kaum Schutz gegen die Sonne; dafür können sie mit ihrer verhältnismäßig großen Oberfläche viel Licht einfangen – typisch für Pflanzen schattiger Standorte.

Schwertlilien (Iris-Arten und -Sorten) müssen zwar nicht, wie hier, direkt am Wasser stehen, brauchen aber in jedem Fall feuchten Boden und Sonne. Sie sind gut für staunasse Stellen des Gartens geeignet, wo man sie mit Feuchte liebenden Pflanzen in einem Sumpfbeet kombinieren kann. Es gibt allerdings auch zahlreiche Schwertlilien, die sich in trockenem Boden wohl fühlen (beim Einkauf genau nachfragen!).

Lebensbereiche in Natur und Garten

Das Konzept der Lebensbereiche im Garten basiert auf den Standortansprüchen der Pflanzen und deckt sich damit in etwa mit dem Biotop-Begriff der Ökologen. Das Ziel dieses Konzeptes ist es, die spezifischen Ansprüche einer Pflanze an ihre Umwelt (Licht, Nährstoffe, Wasser) zu kennen und ihr entsprechende Bedingungen im Garten zu bieten. Im Idealfall wird daher eine Gartenpflanze unter denselben Bedingungen wachsen wie ihre »wilden«, gut angepassten Eltern in der Natur. Selbstverständlich sind Gärten nur ein unvollkommener Ersatz für einen natürlichen Lebensbereich/Biotop. Je kleiner ein Garten geschnitten und je stärker er durch bauliche Maßnahmen (Wege, Sitzplätze, Gartenhäuser) gegliedert ist, desto komplizierter wird sein Mosaik aus Pflanzenstandorten. Dennoch ist es äußerst sinnvoll, seinen Garten unter dem Aspekt der unterschiedlichen Lebensbereiche zu betrachten und zu gliedern. Im Zusammenspiel mit der detaillierten Bestandaufnahme verschafft man sich so den besten Eindruck von den Voraussetzungen und Möglichkeiten, die der eigene Garten bietet.

Lebensbereich »Gehölz«

Die Bäume in einem natürlichen Laubwald (etwa das Biotop »Buchenwald«) werfen im Herbst ihre Blätter ab. Der Boden ist mit einer dicken Laubschicht bedeckt, die sich nach und nach in lockeren Humus verwandelt.

Während ab dem Spätfrühling bis zum Frühherbst die Baumkronen für relativ starken Schatten sorgen, scheint die Sonne im Herbst, Winter und Frühling bis auf den Waldboden. Die Erde bleibt das ganze Jahr über relativ feucht.

Pflanzen, die unter dem Blätterdach eines Waldes überleben, brauchen spezielle Anpassungen: Entweder handelt es sich um die bereits erwähnten Frühblüher oder um Spezialisten, die mit einer geringeren Lichtintensität auskommen. Sie alle haben sich jedoch einer weiteren Herausforderung zu stellen: Selbstverständlich sind auch die Bäume auf Wasser und Nährstoffe des Bodens angewiesen, stehen also in Konkurrenz zu den übrigen, krautigen Waldpflanzen. Manche Baumarten, dazu gehören etwa Ebereschen, Eichen, Eschen oder Lärchen, bilden tief reichende Wurzeln aus, das heißt sie »saugen« Wasser und Mineralien aus tieferen Bodenschichten – ihre Wurzelkonkurrenz zu anderen Pflanzen ist eher gering. Flachwurzler, wie Ahorne, Birken, Erlen, Weiden und viele Nadelgehölze, strecken ihr Wurzelwerk dagegen in denselben Bodenschichten aus wie die Stauden – starke Wurzelkonkurrenz um Wasser und Nährstoffe.

Nun wird es wohl kaum viele Gärten geben, in denen ein Wald wächst, aber dennoch können dort sehr ähnliche Verhältnisse herrschen: Im Schatten eines größeren Laubbaumes oder dem Schlagschatten eines

Hauses müssen Pflanzen mit ähnlichen Bedingungen fertig werden wie in einem Wald. Ein Staudenbeet mit prächtigen Sonnenstauden wäre zwangsläufig zum Scheitern verurteilt. Noch drastischer verändert sich der Lebensbereich, wenn er nach Westen durch Haus, Mauer oder eine dichte Koniferenhecke abgeschirmt wird. Da sich die Regenwolken in unseren Breiten vorwiegend aus Westen nähern, liegt dann nicht nur ein schattiger, sondern auch ziemlich trockener Standort vor – wie im Wald mit starker Wurzelkonkurrenz.

Lebensbereich »Gehölzrand«

In diesem vielgestaltigen und artenreichen Biotop nimmt die Wurzelkonkurrenz der Bäume langsam ab; es fällt ganzjährig genügend Licht ein, um Sträuchern das Wachstum zu ermöglichen. Zwischen den lichteren Zweigen vieler Sträucher bleibt sogar genügend Licht für krautige Pflanzen übrig. Der Gehölzrand lockert immer weiter auf und geht schließlich kontinuierlich in die freie Fläche über, in der keine Bäume oder Sträucher mehr wachsen. Allerdings entstehen deutliche Unterschiede je nachdem, auf welcher Seite sich der Wald öffnet. Von Südwesten bis Südosten ist der Gehölzrand der Mittagssonne ausgesetzt. Hier werden bei intensiver Sonneneinstrahlung relativ hohe Temperaturen erreicht, das heißt die Pflanzen verdunsten (transpirieren) sehr viel Wasser und der Boden trocknet in der Sonnenhitze leicht aus. Hier wachsen nur

Oben: *Im Lebensbereich Gehölz fällt je nach Dichte der Baumkronen mehr oder weniger Licht auf den Boden. Für den Unterwuchs bietet sich eine Kombination aus immergrünen Bodendeckern (z.B.* Hedera, Lamium, Pachysandra, Skimmia, Vinca) *und Waldstauden an.*
Unten: *Der Lebensbereich Gehölzrand zeichnet sich durch wechselnde Belichtung aus. Da viele Sträucher und krautige Pflanzen eine gewisse Bandbreite an Licht tolerieren, darf man hier durchaus Experimente wagen.*

Im Frühling ist die Blütenpracht im lichten Schatten eines Gehölzes besonders üppig. Das Licht reicht für die weißen Tulpen ('White Triumphator') aus und ist noch nicht zu stark für die Christrosen (Helleborus; einige Arten blühen bereits im Winter).

Pflanzen, die mit weniger Wasser auskommen, gut vor Transpiration geschützt sind oder mit tief reichenden Wurzeln das Grundwasser erreichen. Relativ trocken können aber Waldränder mit Morgensonne (Osten) oder im Norden eines Waldes sein, weil die Regen bringenden Westwinde durch den Wald teilweise abgeschirmt werden.

Der Lebensbereich Gehölzrand ist im Garten häufig vertreten und wie in der Natur sehr unterschiedlich ausgestaltet. Neben Hecken oder unter Ziersträuchern, zwischen kleinen Obstbäumen oder neben einer Pergola, im Halbschatten des Hauses oder eines Gartengebäudes herrschen Bedingungen, die diesem

Lebensbereich entsprechen. Welche Pflanzen hier jeweils optimal gedeihen, hängt vom Lichteinfall und dem verfügbaren Bodenwasser ab. Vielfach fühlen sich hier Pflanzen mit relativ breitem Lichtspektrum – sonnig bis halbschattig, halbschattig bis schattig – und entsprechendem Wasserbedarf am ehesten wohl.

Lebensbereich »Freifläche«

Hier wachsen Pflanzen, die mit der anhaltenden Sonneneinstrahlung fertig werden. Sie müssen entweder über Schutzmechanismen verfügen, um den Wasserverlust auf ein Minimum zu begrenzen, oder wachsen nur dort, wo ausreichend Bodenwasser nachgeliefert

wird. Zudem tritt hier ein Faktor auf, der im Wald und dem Gehölzrand kaum eine Rolle spielt: der Wind. Einerseits belasten starke Luftbewegungen die Pflanzen mechanisch, das heißt nur die natürlichen Wildpflanzen der Freiflächen sind standfest genug, ohne Stütze auszukommen. Da andererseits trockene Luft mehr Wasserdampf aufnehmen kann als feuchte, steigen bei Wind Verdunstung und Transpiration deutlich an.

Je nach Bodenart und dem verfügbaren Wasser kann auch eine Freifläche relativ trocken bis relativ feucht sein. In der Natur werden diese Spielarten des Lebensbereiches durch steppen- bis wüstenartige Landschaften bzw. die Feuchtwiese vertreten. Die Pflanzen der Freiflächen werden nicht nur in besonders großer Zahl und Auswahl mit vielen Hybriden und Sorten angeboten, sie bieten auch das breiteste Spektrum für die Gestaltung – allerdings liegen hier in diesem Lebensbereich gewöhnlich auch die heiß geliebten Rasenflächen.

In der Staudengärtnerei wird noch der Lebensbereich »Beet« ausgegliedert, der in der Natur nicht vorkommt. Es handelt sich um einen sonnigen Standort mit eher feuchtem Boden, der durch reichliche Humusgaben nährstoffreich, durchlässig und locker gemacht wird.

Die prachtvoll blühenden Pfingstrosen (Paeonia-Arten und Hybriden; hier 'Rubra Plena') fühlen sich in der Sonne wie im Halbschatten wohl (ideal ist leicht saurer Boden). Daher passen sie bestens in den Lebensbereich Gehölzrand bis Freifläche, sofern ihnen stets genügend Wasser zur Verfügung steht.

Lebensbereich »Wasserrand« beziehungsweise »Wasser«

In diesen Lebensbereichen steht den Pflanzen auch während regenarmer Zeiten reichlich Feuchtigkeit zur Verfügung. Dies kann zum Beispiel in natürlichen Senken über einer Tonschicht der Fall sein oder im Überschwemmungsbereich eines Baches oder Flusses. Wilde Uferpflanzen und Pflanzen der Flachwasserzone müssen das Problem der Staunässe lösen, das heißt geringem Sauerstoffgehalt und die Gefahr von Wurzelfäulnis. In Regionen mit tonigen Böden werden die staunassen Bereiche in Gärten gewöhnlich vernachlässigt, da hier bis auf Moos angeblich »nichts wächst« – außer eben standortgerechten Pflanzen!

Sonderfälle

Die bisher behandelten Lebensbereiche werden durch mehrere Sonderfälle modifiziert – Geländeneigung, saure und basische Böden. Die Hangneigung hat einen enormen Einfluss auf die Belichtung. Nach Süden geneigte Hänge sind im Sommer einer extremen Sonnenstrahlung ausgesetzt – das ideale Kleinklima für einen Weinberg. Vielfach gedeihen hier nur noch Stauden mit dicken, fleischigen, Wasser speichernden Organen (»Sukkulente«). Im Garten sind dies die besten Standorte für Steingärten. Ist der Hang dagegen nach Norden gerichtet, erhält er nur minimales Sonnenlicht und liegt während großer Teile des Tages absonnig oder gar im Schatten. Hier bieten sich etwa bepflanzte Stufen oder ein künst-

Der Lebensbereich Wasser/-rand muss nicht als Teichlandschaft eingeplant werden. Schmale, kurze Bachläufe mit leichtem Gefälle, Mini-Wasserflächen, Sumpf- und Moorbeete – jeder staunasse Bereich eines Gartens lässt sich in ein üppiges Biotop verwandeln.

Für den Lebensbereich Beet ist das Angebot an Stauden besonders hoch, hier wachsen unter anderem Akanthus (Acanthus hungaricus)*, Königskerze* (Verbascum)*, Mohn* (Papaver) *und Katzenminze* (Nepeta 'Six Hills Giant').

licher Bachlauf als ansprechende Gestaltung an.

Etwas problematischer stellt sich die Situation für den Hausbesitzer dar, der seinen Garten auf eindeutig kalk- oder säurereichem Boden anlegen muss. Ersteres kommt in manchen Regionen unserer Mittelgebirge (zum Beispiel Kalk-Eifel, Schwäbische Alb) vor, Letzteres eher selten (so in sandigen, nährstoffarmen Heidelandschaften oder auf moorigen Flussauen). Da auf diesen Böden nur relativ wenige, besonders angepasste Pflanzen gedeihen, sind die Gestaltungsmöglichkeiten hier in der Tat eingeschränkt.

Wer die Lebensbereiche seines Gartens kennen lernt, hat den ersten Schritt in Richtung naturnaher, standortgerechter Bepflanzung

geschafft. Belichtung (Sonne, Halbschatten, Schatten) und Bodenfeuchte (eher trocken, eher feucht) sind einfach zu bestimmende Faktoren, die jeden Teilbereich eines Gartens prägen: An den Rasen angrenzende sonnige, feuchte Freifläche; feuchtes, halbschattiges Gehölz in Verlängerung der Gartenhecke; trockene schattige Stelle neben der Garage und so weiter.

Die sechs möglichen Kombinationen bilden die Hauptkapitel des Buches und werden in Form von Listen mit den besten standortgerechten Pflanzen im Serviceteil vertieft. Zudem werden Licht- und Wasserbedarf auf den Info-Schildchen der meisten Pflanzenanbieter angegeben.

Bestandsaufnahme

Um seinen Garten auf naturnahe und standortgerechte Bepflanzung umzustellen, muss man keineswegs alles herausreißen und ganz von vorn beginnen. Pflanzen, die sich offenbar wohl fühlen, bleiben an Ort und Stelle stehen; nur bei Neukäufen und Umgestaltungen lohnt es sich, von vornherein eine standortgerechte Wahl zu treffen.

In der Tat erleichtert eine an den Standort angepasste Auswahl der Pflanzen sogar die praktische Gestaltung: Man ist nicht gezwungen, aus einer schier unüberschaubaren Vielzahl von potenziellen Arten und Sorten die Richtigen herauszufinden – was häufig in Zufallskäufen mündet –, sondern geht ganz gezielt von einer kleineren Auswahl aus.

Wem dies als Nachteil erscheinen mag, sollte bedenken, dass Pflanzen mit den gleichen Ansprüchen fast immer auch ästhetisch miteinander harmonieren. Standortgerecht gestaltete Beete oder Teile des Gartens bilden daher in sich geschlossene Elemente mit starker Ausstrahlung.

Wie der Gesamtentwurf des Gartens aussieht – viel oder wenig Rasen, Strauchbeet oder Rabatte, Teich oder Kräuterbeet – beeinflusst die »Standortbeete« dabei nur indirekt: Wenn beispielsweise die Entscheidung gefallen ist, an einer bestimmten Stelle eine Rabatte anzulegen, sollte man die Tabellen und Gestaltungsvorschläge zu Rate ziehen und danach sein Beet anlegen. Andererseits kann man selbstverständlich auch zuerst die Standortbedingungen festlegen und sich danach entscheiden, aus welchen »Standortbeeten« man seinen Gesamtentwurf konzipiert. Letzteres bietet sich vor allem in neuen Gärten an, Ersteres in bereits angelegten Gärten.

Voraussetzung einer standortgerechten Gartenplanung ist die Bestandsaufnahme der herrschenden Bedingungen. Um die Komplexität der »echten« Lebensbereiche etwas zu vereinfachen, geht die praktische Bestandsaufnahme von den beiden Parametern Licht – sonnig, halbschattig, schattig – und Feuchte – eher feucht, eher trocken – aus. Dies ist auch dadurch gerechtfertigt, dass viele Pflanzen ein gewisses Spektrum an Bedingungen tolerieren. Insgesamt sollte man für die Bestandsaufnahme einen sonnigen Tag im Frühling oder Sommer vorsehen, um den Tagesgang von Sonne und Schatten verfolgen zu können.

Lichtverhältnisse

Beobachten Sie über den Tag, welche Flächen Ihres Gartens wie lange in der Sonne beziehungsweise im Schatten liegen und tragen Sie die Werte in eine Planskizze des Gartens ein (vergleiche Zeichnung Seite 122 links). Dabei kommt es nicht auf eine minutengenaue Analyse, sondern auf eine möglichst zutreffende Abschätzung an. Achten Sie auf folgende »Lichtkriterien«:

◆ Volle Sonne. Der Platz wird von morgens bis abends direkt von der Sonne beschienen und niemals beschattet: Pflanzen in den Tabellen »Sonnig«.

◆ Sonnig. Der Platz liegt meist in der Sonne und bekommt höchstens morgens oder abends etwas Schatten ab: Pflanzen in den Tabellen »Sonnig«.

◆ Absonnig. Der Platz wird zwar nicht direkt von der Sonne beschienen, ist aber so groß, dass er den ganzen Tag indirekt belichtet wird: Pflanzen in den Tabellen »Sonnig« und »Halbschattig«.

◆ Lichter Schatten. Aufgelockerter Schatten mit einzelnen Lichtflecken unter Blättern und Zweigen; zeitweilig kann der Platz auch in der Sonne liegen: Pflanzen in den Tabellen »Halbschattig«; auch »Sonnen«-Pflanzen lohnen einen Versuch.

◆ Halbschatten. Während einiger Stunden des Tages liegt der Platz deutlich wahrnehmbar im Schlagschatten, zum Beispiel von Bäumen oder Mauern, und ist nur für kurze Zeit direkt der Sonne ausgesetzt: Pflanzen in den Tabellen »Halbschattig«.

◆ Schatten. Gebäude oder Nadelgehölze werfen einen dichten Schatten; die Sonne dringt nur äußerst selten durch: Pflanzen in den Tabellen »Schattig«.

◆ Vollschatten. Dauerhafter Schatten, etwa direkt neben einer Hecke oder Mauer, sodass niemals direktes oder indirektes Sonnenlicht einfällt: Pflanzen in den Tabellen »Schattig«.

Bodenverhältnisse

Die Bodenverhältnisse innerhalb eines Gartens sind von vielen Faktoren abhängig, natürlich auch von der Belichtung: Zwangsläufig trocknet ein vollsonniger Platz stärker und rascher aus als ein halbschattiger Platz unter einem Strauch. Dennoch wäre es zu einfach, ausschließlich von der Belichtung auf die Bodenfeuchte zu schließen, denn tonige Böden halten mehr Wasser fest als sandige Böden. In den Tabellen und Gestaltungsbeispielen wird vereinfachend zwischen Pflanzen unterschieden, die »eher feuchten« beziehungsweise »eher trockenen« Boden bevorzugen. Da man im Sommer mit Gießwasser steuernd eingreifen kann, kommt man gewöhnlich mit diesen beiden Kriterien aus (Details in den Tabellen).

Graben Sie zunächst an mehreren Stellen im Garten etwa 30 bis 40 Zentimeter tiefe Löcher und füllen Sie sie mit Wasser auf. Sollte das Wasser bis zum Abend noch nicht oder nur unvollkommen versickert sein, hat Ihr Garten einen »eher feuchten« Boden. Genauer ist die so genannte Fingerprobe: Holen Sie eine Hand voll Erde aus zirka 10 bis 15 Zentimeter Tiefe; auf ein Kunststofftuch oder einen alten Teller legen. Feuchten Sie die Erde mit Wasser an und versuchen Sie eine Kugel zu formen:

◆ Hoher Sandanteil, leichte Böden. Die Erde fühlt sich rau (»sandig«) an und lässt sich nicht zu einer Kugel formen: Die Gartenerde bleibt nach Regenfällen trocken bis mäßig feucht, speichert also nur wenig Wasser. Pflanzen in den Tabellen »Eher trocken«.

◆ Sand- und Tonanteil in unterschiedlichem Verhältnis, mittlere Böden. Die Erde fühlt sich lehmig an; sie lässt sich zu Kugeln oder Rollen formen, bleibt aber etwas spröde: Die Gartenerde bleibt nach Regenfällen frisch bis etwas feucht, das heißt sie speichert einen gewissen Anteil Wasser; der beste Gartenboden. Hier wachsen Pflanzen aus Tabelle »Eher trocken« (Gießen im Sommer) bis »Eher feucht«.

◆ Hoher Tonanteil; schwere Böden. Die Erde fühlt sich ähnlich wie Knetgummi an (umso mehr, je höher der Tonanteil); sie lässt sich zu stabilen Kugeln formen und dünn ausrollen: Die Gartenerde bleibt nach Regenfällen sehr feucht bis nass, das heißt sie speichert sehr viel Wasser; über dichten Tonschichten kann Staunässe entstehen. Pflanzen in der Tabelle »eher feucht«; allerdings sollte man in Be-

tracht ziehen, den Boden etwas zu verbessern (siehe Serviceteil S. 125).

Die Speicherfähigkeit des Bodens beeinflusst aber nicht allein den Wassergehalt. Mineralien, die für das Gedeihen einer Pflanze unerlässlich sind, »haften« besser an den plättchenartigen Tonteilchen, während sie mit zunehmendem Sandanteil immer stärker ausgewaschen werden.

Wer noch genauer wissen möchte, was sein Garten den Pflanzen »zu bieten hat«, sollte sich an eine Anstalt für Bodenuntersuchung wenden (private Einrichtungen oder öffentliche Institute); die Adresse eines in der Nähe liegenden Institut findet man im Internet oder auf Nachfrage in guten Gartencentern oder Gärtnereien.

Die Blütenfülle dieses Beetes zeigt die Anpassungsfähigkeit von naturnahen Gartenpflanzen und soll dazu ermuntern – trotz der Leitlinie Lebensbereiche – kalkulierte Risiken einzugehen. Fingerhut (Digitalis) braucht durchlässige Böden, die Schwerlilie (Iris sibirica) eher feuchte Standorte; die zartroten Dolden gehören zur Schafgarbe (Achillea millefolium 'Red Beauty'), die kaum Bodenansprüche stellt, während das Brandkraut (Phlomis tuberosa 'Amazone') eigentlich lieber nährstoffarme Böden mag.

Sonderstandorte

Neben den »normalen« Bedingungen, von denen bisher die Rede war, verdienen einige Standortfaktoren besondere Beachtung.

Durch eine Geländeneigung werden sowohl Boden- wie Lichtverhältnisse modifiziert. Aufgrund der Schwerkraft fließt und versickert Wasser deutlich hangabwärts gerichtet (je steiler der Hang, desto stärker). Damit werden »eher feuchte« Böden etwas trockener und »eher trockene« Böden können fast Steppencharakter annehmen. Ist der Hang zur Sonne hin exponiert (Südosten über Süden bis Südwesten), trocknet ihn die Mittagshitze des Sommers merklich stärker aus als in Sonnenabgewandter Lage. Vor allem nicht direkt von der Sonne getroffene Nordhänge sind häufig absonnige Standorte, auf denen sich Pflanzen für den »Halbschatten« wohl fühlen.

Ein gewisses Problem stellen Böden dar, deren pH-Wert vom Normalen abweicht. Einen ersten Hinweis geben charakteristische Wildpflanzen (»Zeigerpflanzen«), die besonders gut an solche Bodenverhältnisse angepasst sind. Sicheren Aufschluss liefern die relativ preiswerten Boden-Test-Sets, die in Gartencentern und Gärtnereien erhältlich sind – auch in manchen Experimentierkästen für Kinder sind entsprechende Chemikalien enthalten. Noch einfacher funktioniert die Messung des Boden-pH mithilfe von Indikatorpapier (Lackmuspapier), das man in Apotheken kaufen kann. Dazu entnimmt man eine Bodenprobe aus 15 bis 20 Zentimeter Tiefe, schlämmt sie mit reichlich Wasser auf, rührt kräftig um und taucht den Teststreifen in die Lösung. Auf einer Skala ist abzulesen, welche Färbung welchem Boden-pH entspricht.

◆ Die meisten Gartenpflanzen fühlen sich in einem schwach sauren bis neutralen Boden wohl und tolerieren sogar ein wenig Kalk.

In den Extrembereichen der pH-Skala wachsen jedoch nur Spezialisten, daher werden für jeden Standort einige Beispiele für Säurebeziehungsweise Kalk-tolerante Pflanzenarten aufgeführt.

Wildkräuter als Zeigerpflanzen für den Boden-pH

pH unter 4,5	stark sauer	Kleiner Sauerampfer (*Rumex acetosella*)
		Hasenklee (*Trifolium arvense*)
pH 4,5–6	sauer	Ackerhundskamille (*Anthemis arvensis*)
		Waldehrenpreis (*Veronica officinalis*)
pH 6–6,5	schwach sauer	Wiesenschaumkraut (*Cardamine pratensis*)
		Gänsedisteln (*Sonchus*)
pH 6,5–7	neutral	Giersch (*Aegopodium podagraria*)
		Kriechendes Fingerkraut (*Potentilla reptans*)
pH 7–7,5	schwach basisch	Blauer Gauchheil (*Anagallis foemina*)
		Zaunwinde (*Calystegia sepium*)
pH 7,5–8	basisch	ehemalige Gerste-Felder
pH über 8	stark basisch	Wiesenklee (*Trifolium pratense*)
		Weißklee (*Trifolium repens*)

Die Gestaltung
standortgerechter Beete

Sonnig, eher feucht

In unserer Kulturlandschaft lassen sich sonnige,
eher feuchte Standorte sehr einfach erkennen:
Es sind die weiten, mit Äckern, fetten Wiesen und
Weiden bedeckten Gebiete. Noch feuchter ist es
an Seen, Flussufern oder in Mooren. Sonnige, eher
feuchte Gartenstandorte herrschen auf lehmigen
Böden vor; sie speichern das Regenwasser, sind
– mit Ausnahme stark tonhaltiger Böden – relativ
nährstoffreich und krümelig. Da den Pflanzen hier
der bestmögliche Boden zur Verfügung steht, eignen
sich solche Stellen für beinahe jede Form der Gestaltung – von der Staudenrabatte bis hin zu künstlichen
Gewässern bei Staunässe.

Bauerngarten und Blumenwiese

Beerensträucher gepflanzt, wie Schwarze und Rote Johannisbeere (*Ribes nigrum, R. rubrum*); auch die Blutjohannisbeere (*R. sanguineum*) oder andere kleine Blütensträucher sorgen für einen passenden Abschluss. Durch einen mit Kletterrosen überwucherten Bogen betritt man einen Zuweg, der auf die Ecke des Grundstücks zuführt und sich dort zu einem kleinen Sitzplatz mit Raum für eine rustikale Bank weitet. Die Bank kann laubenartig von Kletterpflanzen (Kletterrosen in der Farbe zum Eingangsbogen passend, Trompetenwinde *Campsis radicans*) auf einem unaufdringlichen Gerüst überdacht werden. Auf nassem Boden müssen die Rosen allerdings durch Kletterpflanzen wie das Geißblatt (*Lonicera caerulea*) ersetzt werden.

Bogen, Weg und Bank bilden eine markante Blickachse. Den Weg und Sitzplatz säumen üppig blühende Einjährige oder – klassisch und traditionell – beschnittener Buchsbaum (*Buxus sempervirens*). In den beiden Beeten rechts und links des Weges finden alle Arten von Salaten und Gemüse beste Bedingungen vor; man kann sie beliebig mit anderen Pflanzen kombinieren. Werden die Nutzpflanzen komplett durch blühende Bauerngartenstauden oder Einjährige ersetzt – auch Schnittblumen wären authentisch – entsteht ein Bauerngärtchen mit dem Charakter eines englischen Cottagegardens.

Sobald man sich von der Vorstellung löst, mit dem Ertrag des Bauerngartens seine Familie ernähren zu müssen, öffnet sich der Blick für eine Vielzahl von Gestaltungsmöglichkeit auf kleinem bis kleinstem Raum – hier eine Rose ('Marguerite Hilling') am Eingang, Buchsbaumhecken und Bartiris in einem der Beete neben dem Weg.

So lange ein eher feuchter Gartenboden nicht in Staunässe übergeht, sondern das Wasser noch versickert, ist er geradezu prädestiniert für alle Arten von Blumenbeeten und Rabatten. Andererseits bietet es sich auch an, die meist relativ fruchtbaren, feuchteren Böden als Bauerngarten zu nutzen.

Bauerngarten in der Grundstücksecke

Dieser Garten (s. S. 122 rechts) beansprucht nur wenig Raum und nutzt optimal eine ansonsten eher vernachlässigte Gartenecke:

◆ Trennen Sie eine Gartenecke durch einen Viertelkreis ab (selbstverständlich sind auch gerade oder abgewinkelte Grenzlinien denkbar). Auf diese Grenzlinie werden hübsche

Seite 34/35: *Massen von Blauglöckchen* (Scilla sibirica) *und Wolfsmilch* (Euphorbia) *fügen sich zu einem zurückhaltenden aber stimmigen Farbthema zusammen.*

Die wilde Wiese

Etwas pflegeleichter ist eine »wilde« Blumenwiese, obwohl man nicht der Illusion erliegen sollte, einfach der Natur ihren Lauf zu lassen. Die besonders bunten, natürlichen Blumenwiesen wachsen nämlich auf eher trockenen Böden (Trockenrasen, Kalkmagerrasen usw.). Im Garten erzielt man jedoch eine ähnliche Wirkung, wenn man Pflanzen für feuchtere Standorte auswählt und verwildern lässt – die »Wiese« ist demnach eigentlich mehr ein Wildkräuterbeet.

◆ Wilde Wiesen, die sich im Anschluss an den gemähten Rasen zungenartig in ein Strauchbeet oder eine lockere Hecke hinein erstrecken, wirken am natürlichsten. Pflanzen Sie im Vordergrund, das heißt im Anschluss an den regelmäßig gemähten Rasen, einen schwungvollen Bogen (die Grenzlinie sollte sich einem großen »S« annähern) aus niedrigen Arten wie Krokus *(Crocus)*, Traubenhyazinthe *(Muscari)*, Primel *(Primula)*, Glockenblume *(Campanula),* Schachbrettblume *(Fritillaria)*, Trollblume *(Trollius)* oder Herbstzeitlose *(Colchicum)* und so weiter. Den Hintergrund bilden beispielsweise höhere Glockenblumen (z. B. *Campanula persicifolia)*, Astern *(Aster novae-angliae)*, Wiesen-Storchschnabel *(Geranium pratense),* Lupinen *(Lupinus-Polyphyllus*-Hybriden), Mädesüß *(Filipendula ulmaria),* Schafgarbe *(Achillea),* Fingerhut *(Digitalis*; kommt in feuchteren Böden auch in der Sonne zurecht) oder andere Stauden

mit Wiesencharakter – nur der ästhetische Eindruck einer Wiese sollte gewahrt werden. Streben Sie eine zufällige Verteilung an – in Zweier- oder Dreiergruppen gepflanzte Stauden sehen natürlicher aus – und säen Sie regelmäßig Wiesenblumen in die Zwischenräume. Achten Sie vor allem darauf, dass die Rasenpflanzen nicht in die »Wiese« vordringen und die Pflanzen dort ersticken. Der unnachahmlich romantische Charakter einer wilden Wiese basiert auf der üppigen Mischung unterschiedlichster Wuchs- und Blütenformen. Damit dies erhalten bleibt, wird die Wiese nur ein- bis zweimal gemäht, nicht gedüngt und die Stauden wie in einem Beet kontrolliert.

Die Stammmutter dieser blauen Kornblume (Centaurea cyanus 'Choice Mixed') ist, wie alle Flockenblumen, eine heimische Wiesenpflanze, während die orangerote Bärenkamille (Ursinia anethoides) aus Südafrika stammt. Zusammen mit Mohn (Papaver orientale) und Boretsch (Borago officinalis) entsteht eine faszinierend lebendige Sommerwiese.

Naturnahe Gewässer

Das Sumpfbeet

In kleineren Gärten oder in Gärten, in denen regelmäßig kleine Kinder spielen, ist ein Sumpfbeet mit Pflanzen feuchter bis sumpfiger Biotope die weitaus bessere Alternative zum Teich.

◆ Sumpfbeete sind keineswegs Notlösungen. In der Zone zwischen dem freien Wasser eines Teiches und dem »trockenen« Land wachsen herrlich blühende Pflanzen, die zur Zierde jedes Staudenbeetes gereichen könnten. Geeignete Pflanzen findet man am einfachsten in der Teichpflanzenabteilung von Gartencentern, wo sie unter »Sumpfpflanzen« oder »Teichrandzone« angeboten werden. In den Vordergrund pflanzt man niedrige bis mittelhohe Stauden, wie Sumpfdotterblume (*Caltha palustris*), Schildblume (*Chelone obliqua*), Sumpf-Wolfsmilch (*Euphorbia palustris*), Nelkenwurz (*Geum rivale*), einige Iris-Arten und -Hybriden (zum Beispiel *Iris sibirica* und die *Iris-Kaempferi*-Hybriden), Lobelien (*Lobelia fulgens* und andere), Kuckucks-Lichtnelke (*Silene flos-cuculi*), Pfennigskraut (*Lysimachia nummularia*), Gauklerblume (*Mimulus*) sowie einige Minzen- (*Mentha*) und Knöterricharten (*Polygonum*). Für den Hintergrund eignen sich Seggen (*Carex*) mit dekorativ überneigenden Blättern, Wasserdost (*Eupatorium cannabinum*), Blutweiderich (*Lythrum salicaria*) oder die riesigen Blätter der Pestwurz (*Petasites hybridus*) oder des Mammutblattes (*Gunnera manicata*).

Garten oder Natur? Im Detail betrachtet, scheint die Grenze zu verschwimmen. Sumpfbeete sind erstaunlich vielfältig: Fast spartanisch anmutende, feuchte Senken, die sich wie hier zwischen die natürlichen Gräser schieben, bis hin zu den üppig mit Prachtstauden der Teichrandzone bepflanzten Beeten.

Hat die Bestandaufnahme einen tonigen Boden mit hohem Wassergehalt, vielleicht sogar mit Staunässe ergeben, werden die Gestaltungsmöglichkeiten merklich eingeschränkt. Die »sicherste« Alternative bietet ein Gartenteich, der durch einen Nässe vertragenden Baum teilweise beschattet wird (Details siehe nächstes Kapitel).

Zu den Bäumen, die feuchte bis nasse Böden vertragen, gehören zum Beispiel einige Ahornarten (*Acer negundo, A. palmatum* u.a.), Erlen (*Alnus*), Schwarzbirke (*Betula nigra*), Esche (*Fraxinus excelsior*), Pappeln (*Populus*), die Stieleiche (*Quercus robur*) und Weiden (*Salix*).

Das Moorbeet

Ist der feuchte Boden zudem noch sauer, ändert man den Charakter des Sumpfbeetes hin zu einem Moorbeet, dessen Substrat mit Torfzugaben sogar noch etwas angesäuert werden kann. Wie in den natürlichen Biotopen ist die Artenauswahl stark eingeschränkt. Als Basis der Bepflanzung können niedrige Rhododendren dienen – diese Pflanzen des Halbschattens kommen bei hohem Wassergehalt auch in der Sonne zurecht, dazu die niedrige Rosmarinheide (*Andromeda polifolia*), Sumpfporst (*Ledum palustre*) und Gagelstrauch (*Myrica gale*). Bei den Stauden bieten sich Sumpfblutauge (*Potentilla palustris*) und Wollgras (*Eriophorum*) an; besonders ungewöhnliche Akzente setzen Insekten fressende Pflanzen wie Sonnentau (*Drosera*), Fettkraut (*Pinguicula*) oder die amerikanische Schlauchpflanze (*Sarracenia*).

Vom munteren Bächlein zum Gebirgsbach

Sonnige, feuchte Hanglagen werden durch eingebaute Geländestufen in eine Abfolge von »Mini-Staudenbeeten« verwandelt und entsprechend bepflanzt – die einfachste Lösung. Noch naturnäher sind Bachläufe; eine preiswerte, robuste Pumpe hält den Wasserkreislauf aufrecht.

Auf flacheren Hängen schlängelt sich ein Wasserlauf als »Wiesenbach« in natürlichen Windungen durch eine mit Wiesenstauden und einjährigen Sommerblumen bepflanzte Landschaft (siehe oben »Wilde Wiese«). An steileren Hängen legt man mit Steinen oder vorgefertigten Elementen (Fachhandel) kleine Geländestufen für Wasserfälle oder Kaskaden an, über die ein »Gebirgsbach« rauscht. Während im nicht direkt vom Wasser überspülten Randbereich von Bachläufen die meisten standortgerechten Pflanzen wachsen können, kommen in der Strömung nur Spezialisten zurecht – fragen Sie im Fachgeschäft nach geeigneten Arten.

Der geringe Aufwand, einen Bachlauf anzulegen, wird durch seine Vorteile mehr als ausgeglichen. Die flachen Fließgewässer sind ungefährlich für Kinder, brauchen weniger Platz als ein Teich und wirken mit dem murmelnden Wasser überaus beruhigend – außerdem bilden sie in Gärten mit Geländeneigung attraktive Blickpunkte.

Schnittblumen

Bei geeigneter Pflege kann man beinahe alle Gartenblumen und -sträucher auch als Schnittblumen in die Vase stellen. In der gärtnerischen Praxis versteht man darunter jedoch vor allem einjährige Arten, Sorten und Hybriden mit kräftigen Stängeln und lang andauernder Blüte. Sofern im Garten keine eigene Fläche für ein Schnittblumenbeet vorgesehen ist (siehe nächste Seite), können Sie Blumen für die Vase überall aus dem Garten entnehmen. Dabei sind Ihrer Fantasie und Kreativität beim Komponieren von Vasen-Arrangements kaum Grenzen gesetzt. Allerdings gilt es zu beachten, dass der Strauß nicht auf Kosten des Gartens gebunden wird:

Entnehmen Sie immer nur so viele blühende Stängel, dass die Schauwirkung des Beetes erhalten bleibt. Im Halbschatten und/ Schatten gedeihen viele Pflanzen, die in Blumengeschäften als »Beiwerk« in einen Strauß eingebunden werden wie Farne (äußere Wedel einzeln abschneiden), Ziergräser, Frauenmantel (Alchemilla mollis) oder Zweige eines Schattenstrauches (nur sparsam ausschneiden) – das beliebte Schleierkraut (Gypsophila) braucht allerdings sonnige Standorte.

Schneiden Sie die Pflanzen grundsätzlich früh morgens und im Knospenzustand kurz vor dem Erblühen. Kappen Sie den Stängel nochmals unmittelbar vor dem Einstellen in die Vase mit einem scharfen Messer und entfernen Sie alle Blätter, die im Wasser verfaulen würden.

Die große Gruppe der Schwertlilien (Iris-Arten, Sorten und Hybriden) bildet nicht nur im Garten spektakuläre Blickpunkte aus Blütenfarben und dekorativen, schwertförmigen Blättern. Ihre kräftigen Stängel und die noch im Detail sehenswerten Blüten zeichnen sich auch in der Vase durch gute Haltbarkeit aus.

Blumen- und Strauchbeete

So schön kann ein Schnittblumenbeet sein! Die Kombination aus Schmuckkörbchen (Cosmos bipinnatus *'Pure White'*), *Dahlien* (*'Ted's Choice'*), *Verbenen* (Verbena bonariensis) *und Leberbalsam* (Ageratum houstonianum *'Blue Horizon'*) *macht sich in der Vase ebenso gut wie im Garten.*

Über die Praxis und Gestaltung von Blumen- und Strauchbeeten wurden ganze Bibliotheken von Gartenbüchern geschrieben, daher hier nur zwei standortgerechte Alternativen.

Schnittblumenbeete

In fast jedem Garten findet sich eine Fläche von zirka 2 bis 3 Quadratmeter, auf der sich ein wundervolles Schnittblumenbeet anlegen lässt. Schnittblumen tragen Farbe, Duft und Zauber des Gartens in die Wohnung. Obwohl sich die meisten Gartenblumen gut in einer Vase machen, eignen sich manche Arten ganz besonders gut als Schnittblume (Auswahl):

◆ Schnittblumen für den Frühling:
Goldlack *(Erysimum cheiri)*
Gemswurz *(Doronicum orientale)*
Osterglocken *(Narcissus-Hybriden)*
Tulpen *(Tulipa-Hybriden)*
◆ Schnittblumen für den Sommer:
Montbretien *(Crocosmia)*
Rittersporn *(Delphinium-Hybriden)*
Lilien *(Lilium-Hybriden)*
Phlox *(Phlox paniculata)*
Sonnenhut *(Rudbeckia)*
◆ Schnittblumen für den Herbst:
Dahlien *(Dahlia-Hybriden)*
Gladiolen *(Gladiolus-Hybriden)*
Zwergsonnenblumen *(Helianthus annus)*

Durch die kontinuierliche Entnahme von Blüten verarmt der Boden eines Schnittblumenbeetes relativ stark an Nährstoffen. Die Erde sollte daher regelmäßig mit kompostiertem Mulch abgedeckt und mit einem organischen Langzeitdünger (zum Beispiel Hornspäne) versorgt werden. Zur Hauptblütezeit im Sommer liefert eine Kopfdüngung mit Volldünger die dringend erforderlichen Nährstoffe.

Gemischtes Beet auf Kalk

Das chemische Element Kalzium gehört zu den Hauptnährstoffen einer Pflanze. Es ist in allen normalen Gartenböden in ausreichender Menge enthalten und Bestandteil jedes Volldüngers. Bei zu hohem Kalkgehalt des Bodens, das heißt sehr basischem pH-Wert, sind die meisten Pflanzen allerdings nicht mehr in der Lage, eine ausgewogene Menge der übrigen Nährstoffe aufzunehmen.

Die meisten natürlichen Kalkböden gehören in die Kategorie »eher trocken«, daher kommen feuchte Böden mit deutlich basischem pH-Wert relativ selten vor. Ihnen wird man mit einer gemischten Rabatte aus Sträuchern und krautigen Pflanzen am besten gerecht.

◆ Spiersträucher (*Spiraea*; nur *S. thunbergii* braucht sandigen Boden), Hartriegel (*Cornus sanguinea, C. mas*), auf nicht ganz so feuchten Böden auch die Hundsrose (*Rosa canina*) und die immergrüne Serbische Fichte (*Picea omorika*) bilden das Rückgrat des Beetes. *Iris-Barbata*-Hybriden, Duftwicken (*Latyhrus odo-*

ratus), Levkojen (*Matthiola incana*), Thunbergien (*Thunbergia alata*) und die beiden reizvollen Lilien (*Lilium candidum, L. regale*) sorgen für Blüten. Da auch andere Stauden einen gewissen Anteil an Kalk im Boden tolerieren, sollte man ruhig Experimente wagen. Um teure Fehler zu vermeiden, bietet es sich an, entweder mit geteilten Exemplaren aus eigenem Vorrat oder sogar vorrangig mit einjährigen Blumen zu arbeiten – vorgezogen aus der Gärtnerei oder aus eigener Aussaat.

Da feuchte »Kalksümpfe« – sie kommen zum Glück nur sehr selten vor – schwierig zu bepflanzen sind, kann man sich mit einem künstlichen Hügel aus Dränageschotter und Schmucksteinen behelfen und sich aus der reichen Auswahl der kalkliebenden Steingartenpflanzen bedienen (siehe S. 50).

Sonnig, eher trocken

Diese Standortbedingungen herrschen überall dort,
wo starke und lang andauernde Sonnenbestrahlung
auf einen lockeren Boden trifft: Die Trockenrasen
auf durchlässigen Böden bieten zur Blütezeit ein
farbenprächtiges Schauspiel; die mageren Dünen-
oder Heidelandschaften gehören aber ebenso in
diese Kategorie wie felsige Hänge im Weinberg-
klima. Im Garten sind die sonnigsten Flächen leider
häufig dem Rasen vorbehalten, dabei ließen sich
mit wenig Aufwand gerade auf sonnigen Trocken-
standorten prachtvolle Gartenschauspiele insze-
nieren – vom Stein- und Steppengarten bis hin
zu edlen Kies- und Rosenbeeten.

Mobile Gärten

Eine sehr elegante Möglichkeit, sonnige und sehr trockene Standorte zu gestalten, sind mobile Gärten. Dabei kombiniert man im Boden wurzelnde, standortgerechte mit be-

liebigen, in Kübeln wachsenden Pflanzen. Da die Erde für einen Kübel gezielt zusammengestellt und gegossen werden kann, erweitert sich das Spektrum möglicher Arten auf alle Sonnenpflanzen. Selbstverständlich kann man sich an Extremstandorten auch vollständig auf Kübelpflanzen verlassen.

Ein mediterraner Garten

Für italienische Momente sorgt ein Beet mit mediterranen Duft- und Gewürzkräutern. Pflanzen Sie zum Thema Mittelmeer passende Stauden und Halbsträucher, wie Lavendel *(Lavandula angustifolia)*, Thymian *(Thymus-*Arten und -Sorten), Rosmarin *(Rosmarinus officinalis)*, Salbei *(Salvia officinalis)* oder Heiligenkraut *(Santolina)*; sie bilden das Rückgrat des Arrangements. Bis auf den Thymian bevorzugen diese Pflanzen zwar leicht kalkhaltige Böden, kommen aber auch mit neutralem Boden zurecht – die Trockenheit ist der wichtigere Standortfaktor. Eine attraktive Alternative zum Echten bietet der Muskatellersalbei *(Salvia sclarea)* mit weißfilzig behaarten Blättern. Ergänzend könnte man beispielsweise die silbrig glänzende Eberraute *(Artemisia abrotanum* oder eine andere *Artemisia-*Art), Spornblumen *(Centranthus-*Arten) oder die schmalen, hohen Steppenkerzen *(Eremurus-*Arten) pflanzen. Für Aufmerksamkeit im Hintergrund sorgen Gräser (z. B. *Stipa-*Arten) oder Disteln mit kugeligen Blütenständen *(Eryngium giganteum, Echinops-*Arten).

Komplettiert wird die mediterrane Komposition durch ein Zitronen- oder Orangebäumchen im Terrakottakübel. Solche Kübel in passendem Stil lassen sich – da man die Erde beliebig zusammenstellen kann – mit allen Stauden und Kleinsträuchern bepflanzen, die mit italienischem Flair überzeugen. Die Flächen dazwischen deckt man mit einer Schicht heller Kieselsteine oder Schotter ab.

Kiesgärten

Gerade für »faule« Gärtner sind Kieselsteine und Schotter ein perfektes Mittel, ein pflegeleichtes Beet auf trockenen, sonnigen Gartenflächen anzulegen. Ziel der Gestaltung ist dabei nicht etwa ein klassischer Steingarten, sondern die Steine dienen gleichzeitig als Mulch und Kulisse für die Bepflanzung. Für einen wüstenhaft mexikanischen Kiesgarten kombiniert man die Kieselsteine mit Agaven (Agave americana und andere Arten), Aloe (Aloe-Arten) und hochwüchsigen Kakteen oder Wolfsmilch (Euphorbia-Arten). Die Pflanzen wachsen in versenkten Kübeln, denn sie müssen im Haus überwintern. Die Palmlilie (Yucca filamentosa) kann dagegen mit Winterschutz im Freien bleiben. Für den Hintergrund eignen sich hohe Gräser wie Pampasgras (Cortaderia selloana), während Stauden wie zum Beispiel Königskerzen (Verbascum-Arten) oder Kniphofia-Hybriden die Strenge des Arrangements mit ihren Blüten brechen.

Kontemplativ japanisches Flair entsteht, wenn die Kieselsteine sauber geharkt und durch »Inseln« aus größeren Steinen unterbrochen werden. Ein schlichtes, aus Stein geformtes Wasserbecken, ein Brunnen oder eine Teelampe in fernöstlichem Stil komplettieren das Arrangement. Der Garten wird sparsam mit Bambus und einem großen Gras wie Chinaschilf (Miscanthus sinensis; im Sommer etwas reichlicher gießen) bepflanzt. Zwergformen des Chinawacholders (zum Beispiel Juniperus chinensis 'Fairview', 'Blaauw' und andere) dienen als immergrüne Blickpunkte.

Verlegen Sie unter der Kiesfläche stets eine gelöcherte Teichfolie. So kann das Regenwasser ablaufen, Wurzelunkräuter werden unterdrückt und auskeimende einjährige Unkräuter aus angewehten Samen lassen sich problemlos entfernen.

Oben: *Der vielseitige Bambus, dessen Wirkung in diesem Garten durch eine spiegelnde Wand verdoppelt wird, erzeugt die zwanglose Atmosphäre asiatischer Ruhe. Die meisten Formen sind winterhart, einige Bambusarten müssen jedoch im Haus (Wintergarten) überwintern – typische Kandidaten für einen mobilen Garten.*
Linke Seite: *Lobelien, Pelargonien, Petunien, Schmucklilien und Verbenen – blickt man auf Topf- oder Beetpflanzen? Gerade mobile Gärten zeichnen sich durch üppige Fülle aus.*

Steingärten

Den Steingärten geht es häufig wie den Gartenzwergen – viel geschmäht, aber dennoch allgegenwärtig. Dabei gibt es längst wunderbare Ideen für Steinanlagen, denen keinesfalls mehr das Image des muffigen 50er-Jahre-Lückenbüßers anhängt – fünf Steine mit sechs Polsterstauden.

In der Tat sind Steingärten speziell an den Standort »trocken und sonnig« angepasste, also naturnahe Pflanzengesellschaften. Obwohl ein nach Süden exponierter Hang ideal ist, lassen sich Steingärten mit etwas größerem Aufwand auch auf nahezu ebenen Grundstücken einrichten. Da die meisten Gartencenter spezielle Abteilungen für Steingärten eingerichtet haben, fällt die Auswahl geeigneter Pflanzen relativ leicht.

Arten und Sorten der Fetthenne (Sedum) *sind geradezu prädestiniert dazu, selbst unter kargen Bedingungen zu wachsen – auf Mauerkronen, zwischen Steinen und in den Pflanztaschen einer Trockenmauer.*

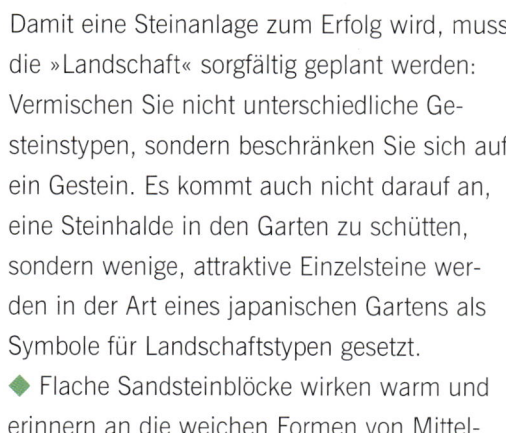

Damit eine Steinanlage zum Erfolg wird, muss die »Landschaft« sorgfältig geplant werden: Vermischen Sie nicht unterschiedliche Gesteinstypen, sondern beschränken Sie sich auf ein Gestein. Es kommt auch nicht darauf an, eine Steinhalde in den Garten zu schütten, sondern wenige, attraktive Einzelsteine werden in der Art eines japanischen Gartens als Symbole für Landschaftstypen gesetzt.

◆ Flache Sandsteinblöcke wirken warm und erinnern an die weichen Formen von Mittelgebirgen. Sie sind besonders gut geeignet, um Hänge abzustützen und harmonieren bestens mit den weichen Formen großer Polsterstauden.

◆ Gebrochene Granite und Gneise erscheinen schroffer, schärfer und erzeugen eher den Eindruck einer Hochgebirgslandschaft. Kombiniert mit schmalen Schotterstreifen und sukkulenten Rosettenpflanzen entstehen faszinierende Bilder, die auch im Detail noch überzeugen.

◆ Der dunkelgraue bis fast schwarze, zu sechsseitigen Säulen erstarrte Basalt speichert viel Wärme und wirkt relativ düster. Allerdings bilden drei bis vier unterschiedlich hohe Basaltsäulen markante Blickpunkte.

◆ Waren die bisherigen Gesteine neutral bis leicht sauer, wachsen auf Kalkgesteinen (zum Beispiel Kalktuffe, Muschelkalk) nur Spezialisten.

Um Hänge zu kaschieren oder Trockenmauern vor Hangstufen zu beleben, sollten Sie auf

eine gute Mischung aus polsterförmigen oder kriechenden Pflanzen (als Bodendecker, zum Überwuchern von Mauerkronen), Sukkulenten für Steinritzen (Fetthenne und Hauswurz), sowie höhere Stauden oder kleine Sträucher (z. B. Ginsterarten wie *Cytisus* oder *Genista*) achten, die als Blickpunkte dienen können. Wer mag, kann sich auch für eine der vielen kriechenden, immergrünen Nadelbaum-Sorten entscheiden.

Dolomitengarten

Steingärten bilden weiterhin die Möglichkeit, kalkhaltige Böden standortgerecht – etwa als »Dolomitengarten« – zu bepflanzen, da es eine Reihe von Stauden und Sträuchern der Kalkgebirge gibt, die im Garten eine gute Figur machen. In solchen Beeten lassen sich auch die seltenen heimischen Orchideen der Kalkmagerrasen pflanzen (nicht von allen Gärtnereien angeboten). Als Gesteine für größere Flächen eignen sich zu Platten gebrochene Kalksteine, während die zerklüfteten Kalksteinknollen besser als Einzelstücke mit Steinbrech-Bepflanzung zur Geltung kommen.

Achten Sie bei der Anlage von Dolomit- und anderen Steingärten unbedingt auf guten Wasserabzug. Selbst auf eher trockenen Böden kann sich Wasser in Nischen zwischen den Steinen sammeln, sodass die Wurzeln der Stauden verfaulen. Mit einer guten Dränageschicht unterhalb des Substrates beugen Sie diesem Problem vor.

Die Arten der Kuh- oder Küchenschelle (Pulsatilla) *lieben lockeren, kalkhaltigen Boden. Sie sehen nicht nur zur Blütezeit hübsch aus, sondern ihre mit langen, silbrig schimmernden Haaren besetzten Früchte bleiben auch sehr lange haften. Küchenschellen passen sowohl in Stein- als auch in Gras- oder Steppengärten.*

Pflanzen für Steingärten auf Kalk

Blaukissen (*Aubrieta*)	IV–V, blau, rot
Rosmarin-Seidelbast (*Daphne cneorum*)	IV–V, karminrot
Silberwurz (*Dryas octopetala*)	V–VI, weiß
Enzian (*Gentiana clusii, G. lutea* u.a.)	ab V–IX, blau, gelb
Kugelblume (*Globularia cordifolia*)	V–VI, blau, weiß
Steppen-Schleierkraut (*Gypsophila paniculata*)	VI–VIII, weiß
Edelweiß (*Leontopodium alpinum*)	VI–IX, weiß
Küchenschelle (*Pulsatilla vulgaris*)	III–IV, violett bis rot
Steinbrech (*Saxifraga*-Arten)	VI–VIII, weiß, gelb, rot
Spiersträucher (*Spiraea*)	ab IV–IX, weiß, rosa, rot
Schwarzäugige Susanne (*Thunbergia alata*)	VII–X, orangegelb
Wolliger Schneeball (*Viburnum lantana*)	V–VI, weiß

In großflächigen Anlagen wie diesen halten Steine die Komposition zusammen und dienen als Ruhepunkte für das Auge. Die Blüten der gepflanzten Arten bilden einen klassischen Farbdreiklang: Blauer Lein (Linum perenne), *gelbe Junkerlilien* (Asphodeline lutea) *und rote Sonnenröschen* (Helianthemum 'Rosi'). *Tauschte man den Lein gegen Gräser aus, wandelte sich der Charakter des Beetes zu einem typischen Steppengarten (vgl. nächste Seite).*

Staudenbeete und Rabatten

Sonnige, nicht allzu trockene Stellen des Gartens sind bestens geeignet, um Staudenbeete oder Rabatten – auch in Kombination mit Sträuchern – anzulegen. Werden die entsprechenden Pflanzen im Sommer regelmäßig gegossen, kommen hier auch viele Sonnenarten zurecht, die eigentlich feuchtere Böden brauchen. Der Schwerpunkt der Pflanzenauswahl sollte jedoch stets auf den standortgerechten Arten liegen, sonst macht die Rabatte zu viel Arbeit.

Brennende Sonne ist nicht nur gnadenlos zu den Pflanzen, sie beeinflusst auch wesentlich unser Farbempfinden: Das zarte Pastell von hellrosa oder blauviolett überhauchten Blütenblättern mag im Halbschatten hemmungslos romantisch wirken, in der prallen Sonne bleicht es aus. Geben Sie in sonnigen Rabat-

Farbverläufe von Rot bis Blauviolett wirken nach dem Stress des Tages beruhigend und entspannend. Die ausgewählten Arten erzeugen den zwanglosen Charme eines Cottage Gardens (Monarda *'Mohawk'*, Veronicastrum virginicum *'Faszination',* Sanguisorba obtusa).

ten daher kräftigeren Farben wie Gelb, Rot, Dunkelblau oder Violett den Vorzug; Weiß wirkt vermittelnd.

◆ Komplementärfarben – wie Blau mit Gelb, Rot mit Grün – sorgen für starke Kontraste.

◆ Farbverläufe erscheinen entweder beruhigend – wie Dunkelrot bis Blauviolett – oder aufregend – wie Gelb bis Orange.

◆ So genannte Farbdreiklänge – wie Rot-Gelb-Blau oder Gelb-Blau-Weiß – wirken fröhlich und lebhaft.

Zu viele unterschiedliche Farben in einem Beet machen es keineswegs fröhlicher sondern nur unruhiger! Achten Sie bei der Komposition Ihres Beetes auch auf interessante Blattfarben und -strukturen.

Viele Sonnenpflanzen zeichnen sich durch silbrig schimmernde Haare auf den Blättern aus, die das Sonnenlicht reflektieren. Neben anderen gehören Perlkörbchen *(Anaphalis)*, Katzenpfötchen *(Antennaria)*, Hornkraut *(Cerastium)*, Wollziest *(Stachys byzantina)* oder Alpen-Edeldistel *(Eryngium alpinum*, bevorzugt kalkhaltige Böden) in diese Gruppe. Sie erzeugen in Kombination mit rein weißen Blüten das Flair eines hitzeflirrenden Sommertages am Mittelmeer.

Steppenbeete

Mit einem Staudenbeet mit Steppencharakter wird man dem Charakter des Standortes besonders wirkungsvoll gerecht. Das Rückgrat der Bepflanzung bilden robuste Gräser. Sie

bleiben den Winter über stehen und verwandeln sich im Raureif des frühen Morgens zu vergänglichen Kunstwerken in Weiß. Gut geeignet sind die meisten Schwingelarten *(Festuca)*, Lampenputzergras *(Pennisetum orientale)*, Blaugrünes Rispengras *(Poa glauca)* oder das Federgras *(Stipa*-Arten). Blüten steuern zum Beispiel Schafgarben *(Achillea*-Arten und -Hybriden), Steppenkerze *(Eremurus)*, Flockenblumen *(Centaurea)*, Nachtkerzen *(Oenothera)* oder Bartiris *(Iris-Barbata*-Hybriden) bei.

Heidebeet

Über sauren Böden bietet sich ein Heidegarten als attraktivste und gleichzeitig authentisch-naturnahe Möglichkeit an.
Rückgrat und beherrschendes Element sind die Heidearten, allen voran die Besenheide *(Calluna vulgaris)* mit ihren zahlreichen Sorten. Die meisten *Erica*-Arten (mit

Ausnahme der kalkliebenden *Erica carnea)* und die Irische Glanzheide *(Daboecia cantabrica)* benötigen einen etwas nährstoffreicheren Boden; ihnen mischt man bei der Pflanzung sauren Humus ins Pflanzloch. Setzen Sie jeweils mehrere Exemplare nebeneinander und achten Sie darauf, Sorten mit abweichenden Blütezeiten zu erwerben. So steht Ihre »Heide« beinahe das ganze Jahr über in Blüte. Eine reich blühende Ergänzung sind der Besenginster *(Cytisus scoparius)* oder das Fingerkraut *(Potentilla fruticosa)*, für immergrüne Aspekte sorgen Wacholder *(Juniperus communis)* oder niedrige Kiefern *(Pinus cembra, P. mugo –* Letztere verträgt auch Kalk). In den Hintergrund passen zum Beispiel Berberitzen *(Berberis thunbergii)* oder Birken *(Betula)*.
Besonders naturnah sehen Heidegärten aus, wenn man schmale Streifen zwischen den Heiden mit Sand ausstreut und einen oder zwei »Findlinge« auf der Fläche verteilt.

Gräser bilden die tragenden Elemente jedes Steppenbeetes; hier Chinaschilf (Miscanthus sinensis) *und Blaues Pfeifengras* (Molinia caerulea). *Je nach erwünschter Wirkung gesellt man den hohen Gräsern entweder kräftige, blühende Stauden (eher Rabatten-Charakter) oder kleinere Graspolster (eher Steppen-Charakter) bei. Der hier ausgewählte Wasserdost* (Eupatorium) *ist eine Pflanze feuchterer Böden und muss im Sommer gegossen werden.*

Die Arten und Sorten des Mohns, vom heimischen
Klatschmohn (Papaver rhoeas; einjährig, auch in
gefüllten Sorten) über den zarten Islandmohn
(Papaver nudicaule; Staude) bis zu den prachtvollen,
großen Blüten des Türkischen Mohns (Papaver orientale; Staude) sind relativ flexibel, was ihre Bodenansprüche angeht. Ideal sind lockere – eher trockene
– Lehmböden, sie wachsen aber durchaus auf etwas
feuchterem Grund.
Während die einfacheren Blütenformen den Charme
von Wildblumen haben und am besten in der Masse
wirken, zeichnen sich die Sorten des Türkischen
Mohns durch große, spektakuläre Blüten für das
Staudenbeet aus. Farblich deckt der Mohn alle Bereiche des Spektrums mit Ausnahme blauer Töne ab.

Rosenbeete

Die Kletterrose 'American Pillar' ist ein Abkömmling der ostasiatischen Wildrose Rosa wichuraiana.

Rosenbeete und naturnahe, standortgerechte Gartengestaltung, geht das überhaupt zusammen? Immerhin gelten Rosen als besonders heikle Gartenpflanzen und man hört immer wieder von Krankheiten, Schädlingen und enormem Arbeitsaufwand. Probleme dieser Art treten jedoch fast ausschließlich dann auf, wenn Rosen am falschen Standort stehen. Damit sind gerade Rosen ein gutes Beispiel dafür, was man mit der sorgfältigen Berücksichtigung der Standortbedingungen erreichen kann.

Der perfekte Standort

Rosen brauchen zwar einen sonnigen Platz (etwas Schatten im Laufe des Tages wird toleriert) und eher trockenen Boden, stellen aber noch einige weitere Ansprüche, die man jedoch relativ leicht überprüfen kann: Messen Sie am zukünftigen Standort den pH-Wert des Bodens. Er sollte im Idealfall zwischen pH 6–7 liegen; weicht der Wert zu stark nach oben oder unten ab, verzichten Sie lieber auf Rosen, die im Boden wurzeln, sondern entscheiden Sie sich statt dessen für eine kleinere Sorte, die im Kübel wachsen kann. Abweichungen des Boden-pH vom Idealwert lassen sich zwar mit Kalkdünger beziehungsweise Torfzugaben korrigieren, wären aber ein Eingriff in die Standortqualität. Der Boden, in dem die Rosen wurzeln, sollte zwar keinesfalls feucht sein, darf aber auch nicht zu rasch austrocknen. Wenn Ihre Bestandsaufnahme einen lehmigen Boden ergeben hat, herrschen Idealbedingungen vor. Ohnehin wird beim Einpflanzen der Rosen der Boden tiefgründig aufgelockert (40–50 Zentimeter) und mit verrottetem Mist oder Kompost lockerer und nährstoffreicher gemacht (auf keinen Fall nicht kompostiertes, organisches Material verwenden; es könnte verfaulen und die Rosenwurzeln schädigen). Durch diese Vorbehandlung lassen sich gleichzeitig etwas zu sandige Böden »schwerer« machen.

Gestaltung mit Rosen

Die große Zahl verfügbarer Rosenarten, -sorten und -Hybriden, die zudem nicht immer und in allen Gartencentern, Gärtnereien oder bei Versendern erhältlich sind, macht es in diesem Rahmen schwierig, konkrete Tipps für bestimmte Rosen zu geben. Eine kompetente Beratung ist daher gerade bei Rosen zu empfehlen. Fragen Sie beim Kauf unbedingt nach den so genannten ADR-Rosen. Diese Züchtungen wurden in Prüfgärten unter verschiedenen Kriterien untersucht und erhalten ab einer bestimmten Mindestpunktezahl das ADR-Siegel. Neben der Qualität der Rose kommt es bei der Gestaltung des Rosengartens auch auf den Charakter der Rose an, der je nach Typus vollständig anders ausfällt. Die Wildrosen und ihre Sorten *(Rosa canina, R.* x *centifolia, R. gallica, R. rugosa* und viele andere mehr) haben sich sehr viel von ihrem wilden Charakter erhalten. Die reinen Arten sind auch die einzigen Rosen, die aus Samen gezogen werden und damit auf ihren eigenen Wurzeln wachsen – sie sind nicht veredelt (das gilt natürlich nicht für die veredelten

Sorten der Wildrosen). Die größeren, heimischen Formen geben sehr gute und dichte Heckensträucher ab; sie bilden sowohl hübsche Blüten als auch Hagebutten aus, und in ihren Zweigen nisten gerne Vögel. Wildrosen vertragen sich bestens mit früh blühenden Zwiebel- und Knollenpflanzen, deren Farbenspiel im Sommer von den selben Sonnenstauden und Einjährige abgelöst wird, die man auch in einen Bauerngarten pflanzen würde, wie Stockrosen *(Alcea rosea)*, Sorten von Gänseblümchen *(Bellis perennis)*, Rittersporn *(Delphinium)*, Sonnenhut *(Echinacea)*, Strohblumen *(Helichrysum bracteatum)*, Lupinen *(Lupinus)*, Orientalischer Mohn *(Papaver orientale)* und viele andere mehr. Strauch- und Parkrosen sind nur in veredelter Form erhältlich, wirken aber dennoch recht natürlich. Während die »öfter blühenden«

Hinter dem silbrig-wolligen Vordergrund des Wollziests (Stachys) *wachsen die Rosen 'Johanna Röpke' (einmal blühende, pastellrosa Kletterose) und 'Hadley'.*

Die Kartoffel-Rose (Rosa rugosa) *ist eine heimische Rose, die bis 2,50 Meter hoch und breit wird – hier kombiniert mit einer Akelei* (Aquilegia). *Kartoffel- und andere Wildrosen eignen sich recht gut als Blickpunkte am Ende einer Achse oder als Heckensträucher.*

Sorten tatsächlich mehrere Blütengenerationen bilden, treiben »remontierende« Rosen nach dem Schnitt der Hauptblüte nochmals etwas schwächer aus. Sie können als einzelne Blickpunkte in Staudenbeeten oder gruppenweise gepflanzt werden. Da sie in vielen Blütenfarben und Höhen erhältlich sind, lassen sie sich sehr gut in Beete mit einem Farbthema einbinden. Größer wachsende Formen kommen auch als Hecken-Abgrenzung innerhalb des Gartens zur Geltung. Einige Formen mit breit ausladendem Wuchs eignen sich bestens als ungewöhnliche Bodendecker oder als Hangbewuchs (zum Beispiel 'Candy Rose', 'Erfurt', 'Fiona', 'Heideröslein', 'Red Cascade', 'Swany').

Zu den romantischsten Vertretern unter den Rosen gehören die Alten Rosen und modernen Englischen Rosen. Sie zeichnen sich durch besonders üppige, gefüllte und duftende Blüten aus und fügen sich harmonisch in alle Arten von Bauerngärten, Cottagegardens- oder Staudenbeete ein. Bei der Beetgestaltung sollten sich die übrigen Pflanzen den Rosen unterordnen. Gute Partner sind beispielsweise Glockenblumen *(Campanula)*, Rittersporn *(Delphinium)*, Katzenminze *(Nepeta* x *faassenii)*, Salbei *(Salvia)* und viele Ziergräser.

Bei den Kletterrosen gilt es nur zu beachten, sie möglichst nicht direkt vor eine nach Süden weisende Mauer zu pflanzen. Solche Standorte werden im Sommer zu heiß und erwärmen sich im Frühling zu rasch – die empfindlichen Rosenknospen erfrieren in den Nachtfrösten. Ansonsten bietet sich für Kletterrosen eine große Vielfalt von Gestaltungsmöglichkeiten an: Sie können Durchgänge, Bögen oder Tore umranken, an Pergolen emporklettern oder Mauern mit ihrem Blütenschmuck verzieren. Ältere Exemplare neigen dazu, an der Basis zu verkahlen. Niedrige Sträucher wie Lavendel, Strauchrosen oder in der

Blütenfarbe passende Einjährige kaschieren diesen Mangel. Kombinieren Sie Kletterrosen mit den großblumigen Hybriden der Waldrebe (*Jackmannii-, Patens-, Viticella*-Hybriden und andere), die nicht so stark wuchern wie die Arten der Waldrebe.

Zu den Rosen mit überwiegend edlem Erscheinungsbild gehören *Polyantha-, Floribunda-* und die eigentlichen Edelrosen. Die Sorten unterscheiden sich nicht nur in der Blütenfarbe sondern auch in der Blütenanordnung – Einzelblüten beziehungsweise Blütendolden. Während die einblütigen Edelrosen unter ihresgleichen in kleineren, isolierten Beeten optimal zur Geltung kommen, vertragen die übrigen Formen durchaus die Gesellschaft anderer Stauden. Als Sonderformen, die an exponierten Stellen – isoliert oder im Staudenbeet – für prachtvolle Blickpunkte sorgen, wären noch die Hochstammrosen zu nennen.

Rosa 'Fritz Nobis' ist die Hybride einer heimischen Wildrose (Rosa rubiginosa). *Sie blüht nur einmal, dafür aber sehr üppig; im Hintergrund ein Schmetterlingsstrauch* (Buddleja alternifolia).

Halbschattig, eher feucht

Natürliche Biotope dieser Art findet man am Saum feuchter Wälder, auf Waldlichtungen, im Schatten-bereich von Feldhecken bis hin zu den wechselnd beschatteten Feuchtflächen in Bach- und Fluss-auen. Im Garten entstehen halbschattige Zonen durch größere, lichte Bäume, aber auch durch feste Strukturen, die je nach Tageszeit bestimmte Berei-che abschatten. Als Gestaltungsideen bieten sich alle Arten von Wasserlandschaften, zudem lockere Strauchbeete – auch auf Sonderstandorten – und üppige Feuchtbeete an. Da viele Sonnenpflanzen etwas lichten Schatten vertragen, lohnen sich Experimente mit Pflanzen aus der Tabelle »Sonnig, eher feucht«.

Wasserlandschaften und formale Teichbecken

Feuchte Gartenflächen im Halbschatten von Bäumen oder Mauern bieten die besten Standortvoraussetzungen für einen Gartenteich. Der Schatten sorgt für eine gewisse Kühlung – das Algenwachstum wird gehemmt und der Sauerstoffgehalt des Wassers steigt an –, während die Sonne zum Gedeihen der meisten Teichrandpflanzen erforderlich ist. Allerdings sollte die offene Wasserfläche des Teiches nicht direkt unter den Zweigen eines Baumes liegen, damit keine Herbstblätter ins Wasser fallen. Das zusätzliche organische Material würde sich am Boden des Teichbeckens anreichern und zusätzliche Nährstoffe für die Algen liefern, deren Überreste am Boden wiederum das Wachstum von Fäulnisbakterien fördern: Der Teich geriete in den fatalen Strudel der Eutrophierung.

Seerosen – die Königinnen jeder Wasserfläche – wachsen nur in deutlich tieferen Teichen. Anlagen mit freien Stegen und offenen Sitzplätzen stellen eine Gefahr für kleine Kinder dar; lassen Sie die Kleinen daher niemals unbeaufsichtigt!

In seichten Teichen, bei denen man auf frei schwimmende und Schwimmblattpflanzen verzichtet, ist die Gefahr der Eutrophierung weniger groß. Sie sind besser begehbar und daher leichter zu reinigen.

Eine seichte Teichlandschaft

Obwohl es keinen absolut kindersicheren Teich gibt, vermeidet der folgende Vorschlag Tiefwasserzonen (maximale Wassertiefe 10 bis 20 Zentimeter) und lässt sich daher auch in Gärten verwirklichen, in den Kinder im Schulkindalter spielen – Aufsicht vorausgesetzt! Die Bepflanzung dieser Teichanlage (s. Plan S. 123 links) beschränkt sich im Wesentlichen auf Blattschmuck, kann aber durchaus durch farbige »Inseln« aus Sumpf- oder Flachwasserpflanzen akzentuiert werden. Da das Wasser sehr flach ist, bleibt der Teichgrund gut sichtbar. Damit trägt der Bodenbelag entscheidend zur Wirkung der Anlage bei. Er wird mit Kies ausgestreut und sollte zu Belebung der Wasserfläche »Felsinseln« aus größeren Steinen oder Horste mit Schilf aus der Wasserfläche herausragen lassen. Allerdings darf der Bodenbelag nicht verschlammen und muss daher regelmäßig gereinigt werden. Besonders wirkungsvoll gerät die Anlage, wenn sich der Kiesbelag des Teichbodens an manchen Stellen einige Dezimeter weit uferartig auf das »feste Land« fortsetzt.

Zwei Holzdecks – eines eher sonnig, das andere mehr im Schatten gelegen – dienen als

Sitz- und Ruheplätze; sie werden durch Holzstege miteinander verbunden. Von hier aus
kann man in Ruhe das Wolkenspiel im Spiegel
der Wasseroberfläche genießen. In der Rand-
zone des durch eine »Landzunge« geteilten
Teiches wachsen Schilf- und Röhrichtpflanzen.
Für eine dschungelartige Atmosphäre auf der
Landzunge sorgen Bambus und markante
Blattstauden wie Schildblatt *(Darmera peltata)*,
Mammutblatt *(Gunnera manicata)*, Funkien
(Hosta) oder Zierrhabarber *(Rheum palmatum)*. Am Ufer geht das Schilf in strauch-
förmige Weiden *(Salix)*, Lavendelheide *(Pieris
japonica)*, Rhododendren, Skimmien *(Skimmia
japonica)* und Schneeball *(Viburnum)* über; bis
auf die Weide mögen diese Sträucher leicht
sauren Boden. Den Übergang zum sonnigen
Teil des Gartens vermitteln blühende Stauden.
Ersetzt man die nüchternen Holzstege durch
stabile, trittsichere Natursteine, in deren direkter Umgebung niedrige Flachwasserpflanzen
wachsen (zum Beispiel Sumpfcalla, *Calla palustris*; Gnadenkraut, *Gratiola officinalis*;
Binsen, *Juncus*; Kleefarn, *Marsilea quadrifolia*;
Sumpfblutauge, *Potentilla palustris*; Kleiner
Igelkolben, *Sparganium natans* oder Bach-
bunge, *Veronica beccabunga* – alle für den
Halbschatten), verändert der Teich seine
Atmosphäre von edel-nüchtern nach fröhlich-
lebhaft. Zu diesem Stimmungswechsel tragen
auch höhere, Blüten tragende Teichstauden
bei, die im Randbereich platziert werden.
Selbstverständlich lässt sich eine ähnliche

dschungelartige Bepflanzung auch im Randbereich tieferer Teiche verwirklichen, die dann
mit Seerosen und Schwimmblattpflanzen
einen natürlicheren Eindruck machen. Auch
die Größe des Teiches kann verkleinert oder
auf die Decks verzichtet werden, bis sich der
Teich der Dimension des Gartens angepasst
hat.

Bambusgärten

Bambus, der in dieser Teichlandschaft nur
eine dekorative Funktion erfüllt, kann auch
zum beherrschenden Element eines exoti-
schen Bambusgartens werden, bei dem die
Wasserfläche auf ein Minimum begrenzt wird
oder sogar völlig fehlt.

*Um das dschungelarti-
ge Flair eines solchen
Bambuswaldes zu er-
zeugen, braucht man
nur eine sehr kleine
Wasserfläche, gewisser-
maßen das Zitat eines
Urwaldflusses.*

Teichbecken werden im Laufe der Jahre von Moosen, Flechten und der Randbepflanzung überwuchert, bis ihr morbider Charme an verwunschene Schloss-gärten erinnert.

Vor allem die halbschattigen, feuchten Stellen im Randbereich eines Grundstückes verwandeln sich durch eine Bepflanzung mit verschiedenen Bambusarten und -sorten (da das Angebot wechselt, sollten Sie sich im Fachhandel nach standortgerechten Formen erkundigen) in eine üppig-grüne Wildnis. Die leichten Triebe geraten beim leisesten Wind in Bewegung, sodass Bambuswälder niemals langweilig wirken. Entscheiden Sie sich für unterschiedlich große Formen mit abwechslungsreichen Blättern. Eine einzelne Figur im ostasiatischen Stil, eine steinerne Teeleuchte, mehrere zu einem Arrangement verbundene, dicke Bambusstäbe sorgen für asiatisches Flair. Eine sauber gerechte Kiesfläche im Vordergrund bindet den Bambus in den Garten ein.

Formale Teiche

Viele Gartenbesitzer scheitern daran, auf wenigen Quadratmetern einen »naturnahen« Teich anzulegen. Tatsächlich ist das Bild, das wir von diesen bunten Dorfteichen oder friedlichen Wasserinseln in einer Waldlandschaft im Kopf tragen, im Garten nur dann zu verwirklichen, wenn wir dem Teich genügend Platz bieten können. Das Wasser (Tiefwasser-, Flachwasser-, Sumpf- und Feuchtzone) und die darin lebenden Tiere und Pflanzen müssen zumindest annäherungsweise im ökologischen Gleichgewicht stehen – und das geht eben nur bei einem ausreichend großen Wasserkörper: Optimal wäre eine Hangneigung von 2:1, das heißt auf eine Seerosentiefe von 1 Meter käme man erst in 2 Meter Abstand vom Ufer – eine Wasserfläche von 15 bis 20 Quadratmeter ist damit rasch erreicht.

Merklich wirkungsvoller als zu kleine »Pseudo-Naturteiche« und von starker Präsenz sind dagegen kleine, formale Teiche in runder oder strenger Rechteck- oder Quadratform. Sie wirken sowohl durch ihre festen als auch durch ihre pflanzlichen Bestandteile.

Formale Teiche schließen mit der Bodenoberfläche ab oder erheben sich mit einer 30 bis 40 Zentimeter hohen Wand über den Grund. Das eigentliche Teichbecken kann man ausmauern und wasserdicht verputzen. Als Alternative bieten sich Teichbecken aus Kunststoff an, die entweder völlig in den Boden versenkt werden oder etwas herausragen. Die oberirdischen Anteile werden mit Mauern (Natur- oder Ziegelsteine), Holzbohlen oder -palisaden kaschiert. Die Randmauer kann als ungewöhnlicher Sitzplatz genutzt werden.

Formale Teiche werden nicht üppig, sondern eher sparsam und zurückhaltend bepflanzt. Kalmus *(Acorus calamus)*, Sumpf-Calla *(Calla palustris)* und Igelkolben *(Sparganium)*, dazu vielleicht einige Binsen *(Juncus)* oder Simsen *(Scirpus)*, sowie Schwimmfarn *(Salvinia natans)* reichen aus. Setzen Sie zusätzliche Akzente durch attraktive Kübelpflanzen auf der Randbefestigung des Teiches.

Wasser am Hang

Für Hanglagen bietet sich wiederum fließendes Wasser an. Setzen Sie größere Steine in den Wasserlauf, damit sich das Wasser gurgelnd seinen Weg suchen muss. Nahe an den Bachlauf gepflanzte Sträucher, Waldgräser (zum Beispiel *Luzula sylvatica)*, Farne (diese Schattenpflanzen kommen fast alle auch mit Halbschatten zurecht) und Stauden mit Waldcharakter wie beispielsweise Akelei *(Aquilegia)*, Bergenien *(Bergenia)*, Fingerhut *(Digitalis)*, Maiglöckchen *(Convallaria majalis)*, Taubnesseln *(Lamium)*, Primeln *(Primula)* und Veilchen *(Viola)* erzeugen die Atmosphäre eines munteren Waldbaches. Nahe am Wasser platzierte Steine werden im Laufe der Zeit von Moos überzogen – sie machen die Illusion eines schattigen Wäldchens vollkommen.

Bis sich die Randsteine eines Bachlaufes derart organisch in die Gartenlandschaft einfügen, vergeht einige Zeit. Moose siedeln sich rascher an, wenn man etwas nachhilft: Suchen Sie bei einem Waldspaziergang bemooste Rindenstücke oder kleine, von Moos überzogene Steine und legen Sie diese auf die Steine Ihres Bachlaufes. Halten Sie das Moos feucht – mit etwas Glück überwachsen die Pflanzen den Stein.

Strauchbeete für alle Jahreszeiten

Großflächige halbschattige und feuchte Stellen im Garten bringt man am besten durch ein Strauchbeet zur Geltung. Da viele Sträucher an ihren natürlichen Standorten im Halbschatten von Waldbäumen wachsen, ist das Angebot entsprechend groß. Verhältnismäßig viele Sträucher des üblichen Angebots bevorzugen leicht basische beziehungsweise leicht saure Böden, kommen aber durchaus auch auf neutralen Böden zurecht (siehe Serviceteil S. 124 zur Angleichung des Boden-pH).

Die Sträucher

Die Sträucher bilden mit Geäst, Blattwerk, Blüten, gegebenenfalls auch mit Früchten das Rückgrat der Beete. Zwiebel- und Knollenpflanzen, Stauden und Einjährige dienen als Unterpflanzung, die mit ihrem Blütenschmuck jene Monate der Vegetationszeit aufhellen, in denen die Sträucher in den Hintergrund treten. Achten Sie bei der Gestaltung von Strauchbeeten vor allem darauf, Arten und Sorten auszuwählen, die in ihrer Kombination während des ganzen Jahres für Blickpunkte sorgen. Den Anfang machen die immergrünen Gehölze des Winters, wie zum Beispiel die niedrigen Sorten der Hemlocktanne *(Tsuga canadensis)*. Auch das nackte Geäst des Fächerahorns (Sorten von *Acer palmatum)* und anderer Ahornarten ist in der kalten Jahreszeit von hohem grafischem Reiz.

Im Frühling sorgen Forsythien *(Forsythia;* sie benötigen relativ viel Sonne), Felsenbirne *(Amelanchier laevis),* Scheinhasel *(Corylopsis)* oder die anspruchslosen, immergrünen Mahonien *(Mahonia aquifolium)* für ansprechende Blütenpracht. Zaubernuss *(Hamamelis)* und Magnolien *(Magnolia)* brauchen Freiraum, um ihren ganzen Zauber zu entfalten – beide sind typische Solitärgehölze, die keine engen Nachbarn schätzen.

Im Sommer blühen nur relativ wenige standortgerechte Sträucher, so die seltene Igelkraftwurz *(Oplopanax horridus;* rote Früchte im Herbst) oder die zahlreichen Sorten der Hortensien *(Hydangea;* verträgt leicht saure bis leicht basische Standorte). Hier kann man sich mit Abelien *(Abelia),* Knopfbusch *(Cephalanthus occidentalis),* Blumenhartriegel *(Cornus florida),* Deutzien *(Deutzia),* den nicht winterharten Fuchsien *(Fuchsia;* werden in einem versenkten Topf ins Beet gesetzt), der Strauchveronika *(Hebe buxifolia),* Johanniskraut *(Hypericum),* einigen Arten der Heckenkirsche *(Lonicera)* und anderen Sonnensträuchern behelfen, die fast alle auch leichten Halbschatten vertragen.

Den Übergang zum Winter bilden einige Sträucher, die den Herbst mit interessanten Früchten aufwerten: Aukuben *(Aucuba japonica),* die meisten Spindelsträucher *(Euonymus),* die immergrüne Stechpalme *(Ilex aquifolium),* Skimmien *(Skimmia)* und Schneebeeren *(Symphoricarpos).* Bemerkenswert buntes Herbstlaub zeigt zum Beispiel die Apfelbeere *(Aronia arbutifolia)* oder der Fächerahorn.

Rechte Seite: *Pflanzen für die Bereiche zwischen und unter Sträuchern.* Oben links: *Schneeglöckchen* (Galanthus nivalis); oben rechts: *Winterling* (Eranthis hyemalis), *Schneeglöckchen, Krokus; unten links: Krokusse; unten rechts: Silberling* (Lunaria), *Tränendes Herz* (Dicentra spectabilis).

Strauchbeete werden – anders als beispielsweise eine Hecke – nicht dicht an dicht bepflanzt. Neben den abgestuften Blütezeiten sollten Sie auch auf unterschiedliche Höhen, Blätter und Wuchsformen Wert legen. Gehölze sind langlebige Gewächse, entscheiden Sie also nicht übereilt, sondern mit Bedacht. Beginnen Sie lieber mit einem einzigen Strauch, dem Sie nach und nach Partner beigesellen. Achten Sie darauf, die Abstände zwischen den Sträuchern nach deren Endgröße zu bemessen – kombinieren Sie lieber wenige interessante Sträucher mit einem ansprechenden Unterwuchs aus krautigen Pflanzen.

Die Scheinhasel (Corylopsis spicata), *die ihre Blüten noch vor den Blättern entfaltet, ist durch Spätfröste gefährdet. Ihr behagen daher Standorte im Schutz größerer Bäume besonders gut. Der Boden zu Füßen des Strauches wurde mit einer herrlichen Auswahl von Frühblühern bepflanzt. Osterglocken* (Narcissus), *davor Nieswurz* (Helleborus) *in einer grünen und rotviolettweißen Sorte, sowie tiefblauer Schneestolz* (Chionodoxa); *im Hintergrund eine früh blühende Tulpe* (Tulipa praestans). *Im Sommer werden sie durch die Blüten von einjährigen Sommerblumen ersetzt. Wer nicht um jeden Preis standortgerecht pflanzen möchte, sollte vorgezogene Pflänzchen kurz vor der Blüte einsetzen – selbst Sonnenpflanzen gedeihen eine Zeitlang im Halbschatten.*

70

Unter Bäumen oder Sträuchern fühlt sich das Schaublatt (Rodgersia) wohl, dessen ausladende, handförmig gefiederten Blätter von einem Bronzehauch überzogen sind (verschiedene Arten und einige Sorten); im Hintergrund die gefiederten Blätter einer Mahonie (Mahonia).

Der krautige Unterwuchs

Der Unterwuchs für ein Strauchbeet richtet sich ausschließlich nach der Größe des zur Verfügung stehenden Platzes. Es muss kein Strauchbeet sein, bereits der Halbschatten unter einem einzigen großen Strauch lässt sich mit Unterwuchs viel interessanter gestalten als mit einer langweiligen Mulchschicht. Obwohl die Blütezeit des Unterwuchses in etwa auf die Blütezeit des/der Strauches/ Sträucher abgestimmt sein sollte, gilt es einige zusätzliche Regeln beachten. Früh blühende Pflanzen sehen im Sommer in der Regel unscheinbar aus oder ziehen sogar ihre Blätter völlig ein. Daher gehören sie in den Hinter-

grund des Beetes. Ihre leuchtenden Farben sind in der kalten Jahreszeit auffällig genug, um nicht unterzugehen. Im Sommer werden sie durch die Stauden und Einjährigen des Vordergrundes verdeckt. Sofern der Hintergrund des Beetes schattig genug ist, kann man ihn zusätzlich mit einigen Farnpflanzen aufwerten. Wenn sie höher als die Stauden des Vordergrundes gewählt werden, bilden die Farnwedel im Sommer einen grünen Hintergrundsschirm aus attraktivem Laub. Zu den besonders gut an einen Standort im Halbschatten angepassten Frühblühern gehören Anemonen *(Anemone blanda, A. nemorosa)*, Winterling *(Eranthis hyemalis)*, Nieswurz

(*Helleborus*-Arten und -Hybriden; bevorzugen leicht basischen Boden), *Fritillaria*-Arten, Schneeglöckchen *(Galanthus nivalis)*, Salomonssiegel *(Polygonatum)* und früh blühende Veilchen *(Viola)*. Allerdings reichen fast allen Frühblühern die schwächeren Lichtintensitäten des Frühlings aus; sofern die Blätter im Spätfrühling und Frühsommer genügend belichtet werden, können sie die notwendigen Speicherstoffe für das nächste Jahr produzieren. Im Sommer blühen dann Eisenhut *(Aconitum napellus)*, Glockenblumen (zum Beispiel *Campanula latifolia)*, Wald-Storchschnabel *(Geranium sylvaticum)*, Taglilien *(Hemerocallis)*, Nelkenwurz *(Geum*-Arten und -Hybriden),

Ligularien *(Ligularia)*, Vergissmeinnicht *(Myosotis)* und Steinbrech *(Saxifraga-Arendsii*-Hybriden); für Blattschmuck sorgen die herrlich vielseitigen Funkien *(Hosta)*. Im Vordergrund sollte man nicht mit Einjährigen sparen, die erst kurz vor ihrer Blütezeit eingesetzt werden, da selbst ausgesprochene Sonnenpflanzen den Halbschatten für einige Wochen aushalten.

Sträucher auf Kalk

Auch in Gärten mit basischem Boden bieten Strauchbeete beste Möglichkeiten für eine standortgerechte, naturnahe Gestaltung. Eines der möglichen Konzepte zielt darauf ab, eine

Wohl dem, der sich an einem heißen Sonnentag in den Halbschatten eines Baumes zurückziehen kann. Hier schaffen Farne, eine mächtige Funkie (Hosta) *und Geißbart* (Aruncus) *hinter der Bank eine private Atmosphäre.*

Oben: *Das Sonnenröschen* (Helianthemum *'Eisbär'*) *ist eigentlich eine Sonnen-*
pflanze. Es bildet jedoch einen wunderbaren Bodendecker in den etwas sonni-
geren Randbereichen auf nicht zu feuchten Böden.
Unten: *Der Perückenstrauch* (Cotinus) *kommt mit Halbschatten zurecht – je*
mehr Sonne er bekommt, desto intensiver seine Herbstfärbung. Die Waldrebe
(Clematis *'Etoile Violette'*) *ist perfekt auf den Standort abgestimmt.*

Waldlichtung mit einzelner Sitzbank zu schaffen. Hier findet man Ruhe nach dem Trubel
harter Tage, kann sich an heißen Tagen in die
Kühle des Schatten zurückziehen und ist dennoch von Blütenpflanzen umgeben, die im
Halbschatten des Standortes gedeihen. Geeignete Standorte stellen die leicht beschatteten Randbereiche oder Ecken des Grundstücks dar. Ohne Bank entsteht ein normales
Strauchbeet.

Die Bank kann als Blickpunkt in die Konzep-
tion des Gartens einbezogen werden, oder sie
wird so angeordnet, dass sie von den Sträuchern verdeckt wird. Wenn es der zur Verfügung stehende Platz erlaubt, sollte man im
Hintergrund einen hübschen Baum platzieren.
Sofern die Baumkronen genügend Sonne bekommen, eignen sich selbstverständlich auch
alle übrigen kalktoleranten Bäume für feuchte
Standorte.

Die heimische Haselnuss *(Corylus avellana)*
zeichnet sich durch hübsche Kätzchen aus,
die im Frühling erscheinen. Der Strauch rege-
neriert sich regelmäßig von der Basis her, darf
also kräftig zurückgeschnitten werden. Ähnlich pflegeleicht ist der Gewöhnliche Schneeball *(Viburnum opulus)* mit weißen Blüten und
roten Früchten. Der dichte, anspruchslose und
üppig wuchernde Weißdorn *(Crataegus)* eignet
sich zwar als Sichtschutz, allerdings ist der
Duft seiner Blüten nicht jedermanns Sache
(Sitzplatz!). Ebenfalls dicht und kräftig wu-
chernd ist die Kerrie *(Kerria japonica)*, deren

intensiv gelbe Blüten auch aus größerer Entfernung wirkungsvoll bleiben. Eine gute Kombination bilden die heimische Felsenbirne (*Amelanchier lamarckii*) und das Pfaffenhütchen (*Euonymus europaeus*), die sich beide durch farbiges Herbstlaub auszeichnen. Als Unterwuchs bieten sich die niedrigen Pfeifensträucher (*Philadelphus*-Arten) an, deren große, auffallende Blüten im Sommer erscheinen. Sie werden mit kalktoleranten Zwiebelpflanzen, zum Beispiel Elfenkrokus (*Crocus tommasinianus*), Feuerlilie (*Lilium bulbiferum*), Türkenbundlilie (*L. martagon*) oder Stauden kombiniert, wie Bunte Wolfsmilch (*Euphorbia polychroma*), Blut-Storchschnabel (*Geranium sanguineum;* nicht zu feucht), Christrosen (*Helleborus*-Hybriden), Leberblümchen (*Hepatica nobilis*) oder Nachtviole (*Hesperis matronalis*).

Oben: *Ähnlich wie das Sonnenröschen wachsen auch Tamarisken* (Tamarix parviflora) *am besten auf Kalkböden, benötigen aber möglichst viel Sonne. Sie brauchen mindestens »lichten Schatten« mit einigen Stunden Sonnenschein – andernfalls sollte man auf sie verzichten.*
Unten: *Hier drängen sich u.a. Spierstrauch* (Spiraea), *Schneeball* (Viburnum) *und Waldrebe* (Clematis 'Hagley Hybrid') *in einem Beet.*

Kalktolerante Bäume (Auswahl)

Kolchischer Ahorn (*Acer cappadocium*):
   dekorative Blätter, gelbe Herbstfärbung
Eschenahorn (*Acer negundo*):
   mehrere Sorten
Esche (*Fraxinus excelsior*):
   mehrere Sorten, die Art ist zu hoch
Blauglockenbaum (*Paulownia tomentosa*):
   ungewöhnlich attraktive Blütenstände
Serbische Fichte (*Picea omorica*):
   immergrün, robust, viele Sorten
Hemlocktanne (*Tsuga canadensis*):
   immergrün, auch Zwergformen

Staudenbeete im Halbschatten

Der alte Baumstumpf (auch als nicht einge- wurzeltes Requisit sehr attraktiv) fungiert als Brennpunkt in einer vollkommen natürlich wirkenden Bepflanzung mit Farnen, Storch- schnabel (Geranium), *Bärlauch* (Allium ursi- num) *und Waldmeister* (Galium odoratum).

In kleineren, halbschattigen Gärten reicht oft der Platz nicht aus, um mehr als ein oder zwei Sträucher zu pflanzen. Statt eines Strauch- beetes bietet sich dort die Kombination aus Rasenfläche (unbedingt so genannten »Schat- tenrasen« aussäen) und Staudenbeet an, während Sträucher den Hintergrund bilden. Es liegt in der Natur halbschattiger Standorte, dass dort durchaus auch manche Sonnen- pflanzen gedeihen, sofern die aktuelle Beson- nungsdauer nicht zu kurz ist (Tabelle »Sonnig, eher feucht«), sowie einige Schattenstauden (Tabelle »Schattig, eher feucht«). Sollte die beschattete Fläche allerdings ab Mittag der Sonne ausgesetzt sein, sind Boden und Pflan- zen stärker von Austrocknung bedroht als ein Bereich, der den Nachmittag über im Schatten liegt. Im ersten Fall greift man daher besser auf Pflanzideen und Arten aus dem Abschnitt »Halbschattig, eher trocken« zurück.

Ein buntes Staudenbeet

Konzentriert man seine Pflanzenauswahl auf Stauden mit hübschen Blüten, entsteht eine (beinahe) klassische Rabatte. Allerdings gilt es bei der Farbgestaltung zu beachten, dass sehr dunkle Farben während der Schattenperioden noch düsterer und matt erscheinen. Grelles Gelb und Orange verlieren zwar ihre intensive Leuchtkraft, sorgen aber für helle Farbtupfer. Der Halbschatten ist der ideale Standort für zarte, helle Pastelltöne – auch Weiß –, deren Nuancen nun nicht mehr durch das Sonnen- licht ausgebrannt werden.

Im roten Bereich des Farbenspektrums bieten sich für den Sommer Indianernesseln *(Monar- da)*, Tränendes Herz *(Dicentra)*, aber auch die wunderschönen Taglilien *(Hemerocallis-*Hybri- den: auch in anderen Farbnuancen) an, die zudem noch attraktives Blattwerk aufweisen. In Kombination mit hellem Blau (etwa Blauer Eisenhut, *Aconitum napellus*; Wald-Glocken- blume, *Campanula latifolia*) entsteht ein sehr ruhiges Beet in kontemplativer Atmosphäre. Weiß oder Pastelltöne hellen das Bild auf und lassen das Beet freundlicher erscheinen (zum Beispiel Wald-Geißbart, *Aruncus dioicus* für den Hintergrund oder die sehr schatten- verträglichen Silberkerzen, *Cimicifuga* und Prachtspieren, *Astilbe*), während die pracht- vollen weißen Blüten der Königslilie *(Lilium*

regale) über den Blättern zu schweben scheinen. Aufhellend wirken auch gelbe Farbtöne,
wie die Blüten von Ligularien *(Ligularia)* und
Felberich *(Lysimachia)*.

Blattschmuck-Beete

Viele der Spezialisten für den feuchten Halbschatten haben bemerkenswert schöne Blätter. Neben den bereits erwähnten Taglilien
oder dem Frauenmantel *(Alchemilla mollis)*
sind hier an erster Stelle die Funkien *(Hosta)*
zu nennen, deren Blätter in allen Tönen von
Grün, Blaugrün oder zweifarbig in Weiß-Grün
oder Gelb-Grün changieren. In den Hintergrund passen Farne, Schaublatt *(Rodgersia)*
oder die mächtigen Horste der Riesensegge
(Carex pendula), während Gräser wie die
Waldmarbel *(Luzula sylvatica)* oder niedrige
Seggen *(Carex)* zwischen den Stauden Akzente setzen. Selbstverständlich sind auch beliebige Kombinationen zwischen blüten- und
blattbetonten Stauden möglich.
Ungewöhnliche Kombinationen ergeben sich
mit Hortensien *(Hydrangea)*, die zur Blütezeit
jedes Blattschmuckbeet dominieren.

Knöterich (Polygonum; *oben im Vordergrund) und die zahlreichen Arten und
Sorten der Primeln* (Primula; *oben und unten) sind hervorragende Stauden für
den feuchten Halbschatten. Beide geben auch gute Teichrandpflanzen ab;
Knöterich verträgt sogar staunasse und sumpfige Böden.*

In der Natur herrscht feuchter Halbschatten, zum
Beispiel unter den Bäumen am Ufer eines Wald-
sees. Diese märchenhafte Stimmung spiegeln Arten
wie *Kalmus* (Acorus calamus), *Sumpfkalla* (Calla)
oder die im Freiland wachsenden Arten der *Zimmer-
kalla* (Zantedeschia; rechts zusammen mit blauen
Schwertlilien) wider. Dass die weiße »Blüte« in Wirk-
lichkeit ein Hochblatt ist, das den kolbenartigen
Blütenstand einhüllt, tut dem Flair eines solchen
Feuchtbeetes keinen Abbruch. Meiden Sie bei der
Komposition solcher Arrangements zu starke Kont-
raste mit bunten Stauden eines benachbarten,
sonnigen Gartenabschnitts – schirmen Sie den
Übergang besser durch einen dichten Strauch ab.
ZImmerkalla und die seltene Orchideenprimel
(Primula viallii, oben) gedeihen optimal, wenn der
Boden mit Humus angereichert wird. Die Orchi-
deenprimel ist allerdings etwas heikel; sie braucht
Winterschutz.

Hortensien im Garten

Als Einzelpflanze im Beet fügen sich Hortensien zur Blütezeit in das Farbthema ein – hier ein kontrastreiches Blau-Gelb aus Hortensie (Hydrangea macrophylla) *unter anderem mit Salbei* (Salvia verticillata 'Purple Rain'), *Schaublatt* (Rodgersia aesculifolia) *und Astilbe 'Deutschland'. Nach der Blüte entsteht eine markante grüne Drift aus Funkie* (Hosta) *im Vordergrund, einem kugelig beschnittenen Buchs und den Blättern der Hortensie.*

Die fast aufdringlich wirkenden Blütenstände der Hortensien sind nicht jedermanns Sache. Hinzu kommt, dass sie manchmal von Blumengeschäften als Topfpflanzen *(Hydrangea macrophylla*-Sorten) angeboten werden und damit scheinbar ihre »Gartenunschuld« verlieren. Dennoch gehören die Arten und Sorten dieser Pflanzengattung zu den besten Sträuchern für den feuchten Halbschatten. Im Idealfall brauchen sie leicht sauren Boden, kommen aber nicht nur mit jedem normalen Gartenboden zurecht, sondern vertragen sogar etwas Kalk. Dabei lässt sich zum Beispiel bei *Hydrangea macrophylla* eine Eigenart direkt ablesen, die auch eine Reihe von Wildsträuchern auszeichnet: Ihre Blütenfarbstoffe verändern sich je nach Boden-pH; ist der Boden im sauren Bereich, sehen die Blüten rein blau aus, ist er alkalisch, werden sie rosa bis rot – im neutralen Bereich spielt die Blütenfarbe in Nuancen zwischen Blau und Rot. Sofern sie im Sommer reichlich Wasser bekommen, dürfen Hortensien auch in der Sonne (allerdings nicht in der prallen Sonne) stehen.

Mit Ausnahme der sehr schattenverträglichen Kletterhortensie *(H. anomala* ssp. *anomala)* wachsen die Hortensien zu mittelgroßen Sträuchern mit fleischigen Blättern heran. Ihre Blütenstände bestehen aus winzigen, fruchtbaren Innenblüten und großen aber sterilen Außenblüten.

◆ Einige verbreitete Hortensien:
H. anomala ssp. *anomala* Kletterhortensie, bis 7 Meter Höhe
H. arborescens (Sorten) Gartenhortensie, riesige Blüten, unbeschnitten bis 3 Meter
H. macrophylla (Sorten) mit den so genannten »Lacecap«-Sorten, zweifarbige Blütenstände; 1–3 Meter hoch
H. paniculata (Sorten) robust, große Blüten; starker Rückschnitt im Frühling möglich
H. serrata (Sorten) nur knapp 1 Meter hoch, reich blühend.

Hortensien im Einzelstand fungieren als Blickpunkte im Hintergrund des Gartens. Während sie zur Blütezeit tatsächlich alle Blicke auf sich ziehen, bilden sie außerhalb dieser Zeit allerdings eher unscheinbare Kuppeln aus

Blättern. Sie sind weiterhin sehr gut geeignet, um paarweise den Zugang zu einem Weg zu markieren beziehungsweise einen Treppenaufgang zu flankieren. Gerade in dieser Funktion bieten sie sich dazu an, in zeitweilig beschatteten Vorgärten den Weg zur Haustür zu begleiten – paarweise als »Wächter« oder aufgereiht als blühender »Hohlweg«.

Das dichte Laub macht Hortensien auch zu annehmbaren Heckensträuchern. Da jedoch die Zweige vieler Arten/Sorten in harten Wintern zurückfrieren können, sollten sie mög-

lichst nur auf der Gartenseite, vor robusteren Sträuchern gepflanzt werden. Innerhalb von Strauchbeeten gehören sie in den mittleren Hintergrund, wo ihre Blüten gut zur Geltung kommen. Als Partner eignen sich vor allem Blattschmuckstauden (siehe oben).

In der Masse sind Hortensien (Hydrangea 'Alpenglühen') so dominant, dass sie keine Begleiter neben sich dulden. Nach der Blüte gewinnt die antikisierende Gartenplastik im Zentrum des Wegekreuzes wieder an Bedeutung und wird zum Brennpunkt innerhalb einer Allee aus grünen Blättern.

Rhododendren im Garten

Mit rund 1000 Arten und einem Vielfachen an Hybriden und Sorten bieten die Rhododendren eine enorm breite Auswahl an Gartensträuchern. Sie alle sind auf sauren Boden angewiesen und gedeihen auf normalen Gartenböden selbst bei spezieller Düngung niemals so gut wie in saurem pH. Wer glaubt, nicht auf Rhododendren verzichten zu können, sollte daher vor der Pflanzung den Boden tiefgründig lockern und reichlich mit Torf versetzen. In Gärten mit basischem Boden hilft nur der komplette Austausch der Erde und die Isolation des Beetes mit einer Teichfolie – nicht gerade standortgerecht. Ansonsten gehören Rhododendren und ihre Partner zu den besonders pflegeleichten Sträuchern, da sie nicht beschnitten werden.

Am geeigneten Standort lassen sich mit Rhododendren und Azaleen (Laub abwerfende Sträucher der Gattung *Rhododendron*) faszinierende, blühende Strauchlandschaften komponieren, da einige Sorten bereits im Vorfrühling blühen und sich die Blühperiode bis in den Sommer hinein ausdehnen lässt. Bei der Entscheidung für eine bestimmte Blütenfarbe sollte man darauf achten, dass die jeweils gleichzeitig blühenden Sorten farblich miteinander harmonieren. Obwohl die meisten Formen in Farbtönen zwischen Rot, Violett und Blauviolett changieren, sind auch Sorten mit gelben oder fast orangefarbenen Blüten im Angebot. Letztere (zum Beispiel 'Coccinea Speciosa') bilden einen kräftigen Farbkontrast zu den üblichen Blütenfarben.

Bei der Anordnung der Einzelsträucher werden Laub abwerfende Sorten – Azaleen sind in der Regel kleiner – vor immergrünen Formen angeordnet, deren kräftiges Blattgrün im Winter die nackten Zweige etwas kaschiert. Besonders authentische, waldartige Szenen ergeben sich, wenn die Rhododendren unter Säure liebenden Bäumen wachsen dürfen (zum Beispiel Birken, *Betula nigra*; Eichen, *Quercus* oder Weiden, *Salix*).

In dem sauren Boden, in dem sich Rhododendren wohl fühlen, wachsen auch andere Sträucher, die sehr gut mit ihnen harmonieren: Als Bodendecker eignet sich die kriechende Scheinbeere *(Gaultheria procumbens)* oder kleinere Farne. Eingestreut dazwischen passen die sommergrüne Prachtglocke *(Enkianthus campanulatus)*, die im Mai mit maiglöck-

Ob im Einzelstand oder wie hier in Kombination mit einer anderen Blütenfarbe – die dichten Blütenstände der Rhododendren bilden stets prachtvolle Blickpunkte.

chenartigen Blüten blüht, und die große
Gruppe der immergrünen Lavendelheide
(Pieris floribunda, P. japonica). Einige ihrer
Sorten beginnen bereits im März zu blühen
und zeichnen sich außerdem durch farbig
austreibende Blätter aus, die für zusätzlichen
Reiz sorgen. Ob die zierliche Lorberrose
(Kalmia), der heimische Sumpfporst *(Ledum
palustre)* oder Skimmien *(Skimmia)* mit ihrem
breiten Sortenangebot, sie alle haben diesel-

ben Standortansprüche wie Rhododendren.
Mit einer immergrünen Stechpalme *(Ilex aquifolium)* im Hintergrund lassen sich Rhododendren sogar in eine Hecke einbinden.

*Wenn man die isoliert
stehenden Rhododend-
ren in kleinen Gärten
betrachtet, vergisst man
häufig, dass ihre wilden
Vorfahren dichte Ge-
strüppe in den Gebirgen
Vorder- und Hinterindi-
ens bilden, wie diese
wundervolle Gruppe
nachzuzeichnen ver-
sucht.*

Gestaffelte Höhen, zungenartig ineinander greifende Farbflächen, eine Szenerie wie in einem Staudenbeet – nur eben im Halbschatten und erzeugt durch verschiedenfarbig blühende Rhododendren und einen üppigen Farnhain. Was hier auf vielen Quadratmetern entstand, lässt sich durchaus in kleinen Gärten verwirklichen (es gibt Azaleensorten unter 1 Meter Höhe und Breite). Das Bild oben zeigt eine Kombination mit Gedenkemein (Omphalodes) und Flockenblume (Centaurea).

Halbschattig, eher trocken

In der Naturlandschaft herrschen solche Bedingungen
etwa im Unterwuchs oder in so genannten Wärme liebenden Eichenmischwäldern. Auf sandigen Böden oder
im Regenschatten von Mauern oder Koniferenhecken
bilden sich ähnliche Standorte auch im Garten aus.
Sitzplätze umgehen das Wasserproblem zwar besonders
elegant, es gibt aber auch eine Reihe von Sträuchern
und Kräutern, die hier gedeihen. Daher reichen die
Gestaltungsmöglichkeiten vom ornamentalen Buchsbaumgarten bis zum Beet zu Füßen einer Koniferenhecke. Im trockenen Halbschatten gewinnt die Farbe
Grün in all ihren Nuancen an Bedeutung. Mit Hilfe von
Gartenschmuck erzeugt man Blickpunkte und Spannung.

Buchsbäume in historischem Gewand

In der Nähe jedes Hauses, unter großen Sträuchern oder im lichten Schatten von Laubbäumen gibt es zwangsläufig Flächen, die während einiger Tagesstunden beschattet werden. Für experimentierfreudige Gartenbesitzer mit einem Hang zur Historie ist dies der geeignete Platz, einen formalen Buchsbaumgarten oder ein -parterre anzulegen. Der immergrüne Buchsbaum ist ein heimischer Strauch, der in seiner Wildform zu einem bis 8 Meter hohen Baum heranwächst und sehr schattenverträglich ist. Im Garten verwendet man besser *Buxus sempervirens* 'Suffruticosa' oder eine andere, niedrig bleibende Sorte (»Zwerg-

buchs«). Da Buchsbaum leicht basischen Boden bevorzugt, braucht er eine kalkbetonte Frühjahrsdüngung (es gibt auch spezielle Buchsbaumdünger).

In Buchsparterres dient der Buchs nicht – wie etwa in Bauerngärten – als Einfassung, sondern wird in Mustern gepflanzt und regelmäßig glatt beschnitten. Wer die verschlungenen Ornamente barocker Schlossgärten oder einen so genannten historischen »Knotengarten« kennt, kann sich eine Vorstellung davon machen, was mit Buchsbaum theoretisch möglich ist.

Zwei Quadrate mit Diagonalen bilden ein lang gestrecktes Rechteck – eine besonders einfache Grundform eines Buchsparterres. Buchs-Sträucher werden im späten Frühling in Form geschnitten (elektrische Heckenschere für große Flächen, Handschere für die Details); während der Vegetationsperiode entfernt man nur noch herauswachsende Triebe. In ruhiger Umgebung kommen die Ornamente am besten zur Geltung.

Die Planung

Ein gutes Buchsbaum-Parterre beginnt mit der Planung: Zeichnen Sie die zur Verfügung stehende Fläche maßstabsgerecht auf ein Blatt Papier (oder mithilfe eines einfachen Zeichenprogramms im Computer). Geschlossene Formen mit äußerer Begrenzung aus Buchs wirken kompakter als offene Formen. Gehen Sie zunächst von einem Quadrat oder einem Rechteck aus (2 x 2 Meter sind bereits ausreichend). Setzen Sie in diesen »Kasten« ein um 45 Grad gedrehtes, inneres Quadrat oder eine Raute, die mit den Ecken an die äußere Form stößt oder darüber hinaus reicht – einfach, aber wirkungsvoll. Neben einigen Grundformen, die im Serviceteil vorgestellt werden, bieten sich alle geometrischen Formen an, solange man sie noch in den Garten übertragen kann. Offene Formen konstruiert man aus Spiralen, Schnecken oder figürlichen Motiven, wie etwa den Initialen seines Namens (ungewöhnlicher Schmuck für einen halbschattigen Vorgarten).

Werden die Kontaktstellen zwischen den geometrischen Formen durch Pyramiden, Säulen oder halbkugelige Kuppeln aus Buchsbaum betont, nimmt das Parterre auch die dritte Dimension ein und wird zum Buchsbaumgarten.

Die Praxis

Das Muster wird mit Spannleinen (für die geraden Linien) und Schnurzirkel (Pflock als Mittelpunkt mit Schnur als Radius für die Kreisbögen) auf den Gartenboden übertragen und mit Sand abgestreut. Auf die entstandenen Linien werden später die Buchsbaumsträucher gepflanzt.

Für die Zwischenräume bieten sich mehrere Möglichkeiten an:

Weißer oder farbiger Kies über Teichfolien ist authentisch, sieht stets gepflegt aus und macht minimale Arbeit.

Schattengras bleibt ganzjährig grün, muss aber im Sommer gegossen und zwischen den Ornamenten mit der Hand geschnitten werden.

In die Zwischenräume gepflanzte Sommerblumen, die niedriger bleiben als der Buchs, wirken fröhlich, lenken aber von den Ornamenten ab (im Herbst werden die Flächen gemulcht).

Zu Halbkugeln beschnittener Buchs – hier hübsch akzentuiert durch die Horste der Bergenien (Bergenia) – hat eine markante, fast architektonische Wirkung.

Sitzplätze im Halbschatten

Die vermutlich beste Nutzung für einen trockenen, halbschattigen Bereich des Gartens sind kleine bis mittelgroße Sitzplätze. Mit diesem Gestaltungselement umgeht man vor allem das Problem der sommerlichen Bodentrockenheit. Natürlich sind die meisten Gartenbesitzer unserer Breiten daran interessiert, so oft wie möglich in der Sonne zu sitzen, aber es gibt immer wieder hochsommerlich heiße Tage, an denen man sich liebend gern an eine schattige Stelle zurückziehen würde. Außerdem bieten sich halbschattige Sitzplätze für Gartenbesitzer an, die in Ruhe lesen oder sich einfach eine Auszeit vor dem üblichen Wochenend-Trubel nehmen möchten.

Trockene Stellen finden sich in vielen Gärten, insbesondere dort, wo vor Jahren bewusst oder aus Nachlässigkeit ein Laubbaum gepflanzt wurde, der nun zu groß geworden ist. Die Trockenheit muss dabei nicht unbedingt auf einen natürlicherweise trockenen Boden zurückgehen: Große Bäume entziehen der Erde verhältnismäßig viel Wasser – insbesondere flach wurzelnde Arten wie Ahorne, Birken, Erlen oder Weiden.

Der Sitzplatz

Der Sitzplatz – der Plan im Serviceteil Seite 124 ist für eine Bank beziehungsweise zwei Stühlchen mit kleinem Rundtisch konzipiert – wirkt besonders naturnah, wenn er sich in die Vegetation einzuschmiegen scheint. Legen Sie eine 2 bis 3 Quadratmeter große Baumscheibe in geschwungener Form an. Dies ist erforderlich, um das Gehölz im Sommer gegebenenfalls gießen zu können. Sie wird mit Kies oder Deko-Mulch abgedeckt. In einer ähnlich geschwungenen Form schließt sich daran der gepflasterte Sitzplatz an, dessen Außenlinie etwa mit der Kronenbreite abschließt. Als Belag eignen sich alle Materialien, obwohl Natursteine sich am besten in die Vegetation einfügen. Wird der Sitzplatz regelmäßig zum Essen genutzt, sollte man sich vorrangig für einen ebenen Untergrund aus glatten Platten entscheiden. Selbstverständlich kann der Sitzplatz auch weniger »dauerhaft« gestaltet werden. Wer den Schattenplatz nur gelegentlich in Anspruch nimmt, kommt mit einer Mulchauflage aus. Einzelne Stühle, Liegen oder Bänke sehen auch sehr attraktiv auf dem Rasen aus. Achten Sie bei der Auswahl der entsprechenden Gartenmöbel auf die Sichtbarkeit von der Terrasse aus. Häufig lohnt sich der höhere Anschaffungspreis für eine qualitätsvolle Bank oder Tisch und Stühle, weil man damit einen äußerst attraktiven und permanenten Blickpunkt schafft.

Neben den eingepflanzten Gehölzen und Kräutern für die Umpflanzung bieten Sitzplätze und ihre Umgebung gute Möglichkeiten für Kübelpflanzen. Sie werden mit Blattschmuckstauden oder preiswerten Einjährigen (auch für eindeutig sonnige Standorte!) bepflanzt, die jeweils zur Blütezeit in den Halbschatten gestellt werden.

Die Umpflanzung

Bepflanzen Sie die Baumscheibe vor allem mit früh blühenden Knollen- und Zwiebelpflanzen, um die Wurzelkonkurrenz des Sommers zu umgehen. Hier finden durchaus auch Arten Platz, die eigentlich eher sonnige Standorte mögen, denn im Frühling gelangt viel Licht durch die nackten Zweige des Baumes – Frühblüher sind im Übrigen an die schwächere Strahlkraft der Frühlingssonne angepasst.

Der Sitzplatz wird nischenartig von Sträuchern eingerahmt, wie dem Wolligen Schneeball *(Viburnum lantana*; er braucht etwas mehr Sonne), der relativ anspruchslosen Felsenbirne *(Amelanchier laevis)* mit herrlichem Herbstlaub, Zwergmispel *(Cotoneaster-Wateri-*Hybriden) mit hübschen Früchten oder den immergrünen Berberitzen *(Berberis gagnepainii* var. *lanceifolia, B. julianae, B.* x *stenophylla, B. verruculosa).*

Als Bodendecker zwischen den Sträuchern eignen sich das robuste Johanniskraut *(Hypericum calycinum)* oder Immergrün *(Vinca major, V. minor)*. Sollten Sie mehr Wert auf attraktive Sommerblüte legen, lassen Sie etwas Platz zwischen den Sträuchern und pflanzen Sie dort Taglilien *(Hemerocallis-*Hybriden; ggf. im Sommer etwas gießen)*. In den Vordergrund passen beispielsweise Bergenien *(Bergenia-*Arten und -Hybriden), die besonders anspruchslos in Bezug auf den Boden sind. Ihre fleischigen Blätter verändern zum Herbst hin die Farbe, die Blütenstände erscheinen allerdings bereits im Frühling.

Den farbigen Charakter eines solchen Beetes unter den Sträuchern prägen vor allem Glockenblumen (z. B. *Campanula portenschlagiana, C. glomerata)*, Fingerhut *(Digitalis)*, Elfenblume *(Epimedium)*, Storchenschnabel *(Geranium)* oder Lungenkraut *(Pulmonaria)*. Sie alle sind typische Waldpflanzen, die auch in Strauchbeeten ihren Platz finden (siehe unten). Für besonders üppige Blütenpracht sorgen die vielfältigen Sorten der Prachtspieren *(Astilbe)*. Die Umrahmung des Sitzplatzes kann sich je nach Belichtung in ein sonniges oder halbschattiges Staudenbeet fortsetzen.
Alternativ bieten sich als Abschluss und gleich-

Ein zusätzlicher Sitzplatz sollte stets der Dimension des Gartens angepasst und möglichst genau auf die geplante Nutzung abgestimmt sein, sonst wirkt er deplatziert. Auf dieser weitläufigen Fläche ist genügend Platz für ein Diner im Freien, eine Stehparty oder eine lange Kaffeetafel an einem Sommernachmittag, während …

zeitig als Sichtschutz gegen die Terrasse hin die dicht wachsenden Kuppeln der Hortensien an (Hydrangea), die allerdings unbedingt sommerfeuchte Böden brauchen. Sollte die Trockenheit nicht durch Wurzelkonkurrenz, sondern durch die Bodenart bedingt sein, fallen sie daher als Sichtschutz aus.

Recht gut mit trockenem Boden kommt dagegen die immergrüne Lawson-Scheinzypresse (Chamaecyparis lawsoniana mit vielen Sorten) zurecht, eleganter wirkt die zierliche Faden-Scheinzypresse (C. pisifera). Sehr ornamental erscheint die Japanische Aralie (Aralia elata), während die Ölweide (Elaeagnus pungens und andere Arten) vor allem mit ihren silbrigen Blättern überzeugt (sie verträgt allerdings

keinen tiefen Schatten). Besonders anspruchslos, dabei aber dank Blüten und blaubereifter Beerenfrüchte recht attraktiv sind die immergrünen Mahonien (Mahonia aquifolium). Selbst für basische Böden bieten sich Alternativen an, wie die Tabelle belegt.

… diese einzelne Bank zum vertrauten Gespräch zu zweit, einer stillen Lesestunde mit Zeitung oder Buch, oder ganz einfach nur zum Sitzen und Träumen einlädt. Gartenbänke aus Teakholz (wenn irgend möglich aus Plantagenanbau) altern mit dem Garten. Sie nehmen im Laufe der Jahre eine grau-weiße Patina an.

Pflanzen für trockenen Halbschatten über basischem Boden

Spanische Tanne (Abies pinsapo)	immergrün, niedrige Sorten erhältlich
Zierquitten (Chaenomeles-Hybriden)	Strauch, gedeihen auch im lichten Halbschatten
Goldwolfsmilch (Euphorbia polychroma)	Staude, kugeliger Wuchs, leuchtend goldgelbe Blüten
Blutroter Storchschnabel (Geranium sanguineum)	Staude mit Wildcharakter, große Blüte
Nieswurz (Helleborus niger)	Staude, große Blüte im Spätwinter
Frühlings-Platterbse (Lathyrus vernus)	einjährig, leicht aus Samen zu ziehen
Pfingstrose (Paeonia officinalis)	große Auswahl, attraktive Blüte, nicht auf sehr trockenem Boden
Pfeifenstrauch (Philadelphus caucasicus, P. coronarius)	sommergrün, große, weiße Blüten
Blasenspiere (Physocarpus opulifolius)	immergrüner Strauch, robust
Feuerdorn (Pyracantha coccinea u.a.)	immergrüner Strauch, unscheinbarer Blüten, aber prächtige Früchte

Ein Waldbeet im Halbschatten

In vielen Gärten entstehen nahe der Grundstücksgrenze oder in einer Ecke trockene Standorte, die zudem durch Gebäude beschattet werden. Solange die Beschattung noch durch stundenweise Belichtung unter-

brochen wird, bietet sich hier der Raum für ein Waldrandbeet.

Um den Waldcharakter zu erzeugen, braucht man keine Bäume pflanzen, die in kleinen Gärten ohnehin leicht erdrückend wirken. Entscheiden Sie sich stattdessen für kräftige Sträucher mit »natürlichem« Aussehen. Die heimische Haselnuss *(Corylus avellana)* wäre die perfekte Wahl, sie braucht allerdings einen etwas feuchteren Boden. Da der Strauch jedoch ziemlich anspruchslos ist und nicht viel kostet, darf man den Versuch ruhig wagen (unter Umständen im Sommer etwas gießen und im Herbst das Laub mit etwas Mulch vermischt unter dem Strauch liegen lassen). Als Partner bieten sich der Tatarische Hartriegel *(Cornus alba;* möglichst saure Böden) oder die Hainbuche *(Carpinus betulus;* möglichst basische Böden) an. Als Unterwuchs pflanzt man eine bis zwei der oben beim Sitzplatz genannten Arten so ein, dass kleine »Lichtungen« übrig bleiben.

Als Bepflanzung für diese Lichtungen wählt man für die Frühlingsblüte eine Auswahl an Zwiebel- und Knollenpflanzen aus. Standortgerecht wären beispielsweise Strahlenanemone *(Anemone blanda)*, Schneestolz *(Chionodoxa),* Winterling *(Eranthis hymalis),* Narzissen *(Narcissus),* Puschkinie *(Puschkinia scilloides* var. *libanotica)* oder Blaustern *(Scilla).* Im Sommer sorgen Waldstauden für Blütenfarbe, während an die schattigsten Stellen Farne gepflanzt werden. Ein Übriges tun

*Die Aspekte auf dieser
Doppelseite stellen drei
von zahlreichen Möglich-
keiten zur Gestaltung
von Waldbeeten dar. Vor
allem für die Frühjahrs-
blüte darf man ruhig
Pflanzen des feuchten
Halbschattens vorsehen;
Feuchte liebende Wald-
stauden und Farne für
den Sommer müssen
allerdings bei Bedarf
stärker gegossen wer-
den.*

nicht-pflanzliche Zutaten: Eine alte Wurzel, die nach und nach vermoost und verrottet, einige locker aufeinander getürmte, unregelmäßige Steine oder große Stücke von Baumrinde erzeugen die Atmosphäre von Waldwildnis.

Zu diesem Mini-Wald, dessen Schattenwurf von heimischen Sträuchern herstammt, gibt es zwei Alternativen:

Sofern der Standort an eine Mauer grenzt, benutzt man Kletterpflanzen wie Wilden Wein (Parthenocissus) oder Efeu (Hedera helix; braucht etwas feuchtere Böden), deren Triebe auf einem tragfähigen Balkengerüst von der Mauer über das Waldbeet bis zu senkrechten Trägerbalken mit Reitern geleitet werden. Besonders naturnah wirkt das Arrangement,

wenn sich freie Triebe nach unten neigen dürfen. Auch einige Wildarten der Waldrebe (Clematis alpina, C. montana) fühlen sich auf trockenen Böden durchaus noch wohl. Ihr Vorteil gegenüber Efeu und Wein ist die überaus üppige Blütenpracht. Allerdings sollten die unterschiedlichen Arten nicht auf demselben Gerüst wachsen, da der immergrüne Efeu die anderen im Laufe der Zeit erdrückt.

Die zweite Alternative nutzt die Blütenpracht der Chinesischen Wildkirsche (Sorten von Prunus serrulata), die sogar auf sandigen Böden noch wächst. In diesem Fall sollte man allerdings nur wenige Frühblüher ins Waldbeet setzen, um nicht von der Blütenpracht der Kirsche abzulenken.

Die so genannte »Wilde
Ecke« in Naturgärten er-
füllt eine wichtige Funk-
tion: Sie bietet Wild-
tieren Schutz und Über-
winterungsquartiere.
Dass ökologischer An-
spruch und Ästhetik
sehr wohl in Einklang
stehen können, zeigt
dieser von Efeu über-
wucherter Holzstapel,
eingerahmt von einem
Straußenfarn (Matte-
uccia struthiopteris) und
einer weiß blühenden
Form des Tränenden
Herzens (Dicentra).
Bohrungen (zwischen
1 Millimeter und 1 Zen-
timeter Durchmesser,
5 bis 10 Zentimeter tief)
in den Hölzern bieten
Solitärbienen und -wes-
pen sichere Nistplätze.
Solche Holzstapel und
ihre direkte Umgebung
bieten sich auch für ein
Experiment an: Warten
Sie eine Vegetations-
periode ab, welche
Wildkräuter sich einstel-
len und gewähren Sie
ihnen Asyl im Garten –
sie sind nämlich die
wahren standortgerech-
ten Pflanzen!

Zu Füßen einer Koniferenhecke

An vielen Grundstücksgrenzen existiert eine selbst verschuldete Zone trockenen Halbschattens, an der die meisten betroffenen Gartenbesitzer scheitern: Die sonnenabgewandte Seite von Koniferenhecken. Je älter und höher die Hecke im Laufe der Jahre geworden ist, desto mehr haben sich die flachen Wurzeln der Gehölze ausgebreitet. Sie entziehen dem Oberboden das Wasser, noch bevor es versickern kann. Das zweite Problem sind die herabgefallenen Nadeln, die den pH-Wert des Bodens saurer machen. In der Tat ist es sehr schwierig, für diesen Bereich eine »standortgerechte« Bepflanzung vorzuschlagen – wer einmal durch einen Fichtenwald spaziert ist, kennt das Phänomen nackter, mit Nadeln bedeckter Böden nur zu gut!

Man kann das Problem natürlich einfach umgehen, indem man sich für einen mobilen Garten entscheidet (s. »Schattig, eher trocken«, S. 110 ff.), oder sich der Herausforderung stellen. Allerdings wird Letzteres nicht ganz ohne Verbesserung des Bodens möglich sein. An den Standorten der einzupflanzenden Sträuchern

sticht man gezielt die Wurzeln der Koniferen ab (eine gewisse Reduktion der Wurzelmasse vertragen fast alle Nadelgehölze), gräbt eine Wurzelbarriere ein und füllt das Loch mit saurer Humuserde auf. Für die flacher wurzelnden Bodendecker reichen 15 bis 20 Zentimeter tiefe, auf die Wurzeln geschüttete Bodenmischungen.

In den »neuen« Boden pflanzt man Gerüststräucher, wie sommergrüne Azaleen (*Rhododendron*-Hybriden; sie sind etwas anspruchsloser als ihre immergrünen Verwandten), Tatarischen Hartriegel (*Cornus alba*), Lavendelheide (*Pieris*) oder Zwergmispeln (*Cotoneaster*-Hybriden) – sie alle sollten allerdings an heißen Sommertagen bei Bedarf einzeln gegossen werden.

Als Bodendecker eignen sich das robuste Immergrün (*Vinca*), das sich über Ausläufer ausbreitet und verwildern kann, sowie der etwas höhere Ysander (*Pachysandra terminalis*). Beide sind »aggressiv« genug, um sich gegen die Koniferen durchzusetzen. Einen heideartigen Charakter verleihen die verschiedenen Heidekräuter. Grauheide (*Erica cinerea*) und Cornwall-Heide (*E. vagans*) vertragen trockenen Halbschatten, während die gleichfalls gut an trockenen, sauren Boden angepasste Besenheide (*Calluna vulgaris*) deutlich sonnenbedürftiger ist. Da von Letzterer allerdings zahlreiche, auch buntlaubige Sorten erhältlich ist, kann sich gärtnerischer Mut durchaus auszahlen, insbesondere im Randbereich des

Stauden mit markanten Blättern und interessanten Wuchsformen, wie Straußenfarn oder Funkien (Hosta sieboldiana 'Elegans Glauca') *im Vordergrund von Koniferenhecken lenken von den eintönigen grünen Heckenflächen ab.*

Halbschattens, der etwas länger von der Sonne beschienen wird.

Schattengräser wie die Hainsimse *(Luzula sylvatica)* oder die Segge *(Carex montana)* brauchen im Sommer zusätzliche Feuchtigkeit. Inselhaft darin eingebettet setzt man blühende Pflanzen, wie das Johanniskraut *(Hypericum calycinum)*, den Roten Fingerhut *(Digitalis purpurea)*, die Wolfsmilch *(Euphorbia amygdaloides)* oder Vergissmeinnicht *(Myosotis alpestris)*. Gut mit dem trockenen Halbschatten kommen auch Bergenien *(Bergenia cordifolia)* oder Lerchensporn *(Pseudofumaria lutea)* zurecht. Obwohl sie vom Lichtangebot her in direkter Nähe der Koniferen bestens geeignet wären, scheidet das breite Angebot an Farnen aus, weil sie fast alle auf bodenfeuchte Standorte angewiesen sind. Manche Arten sind allerdings robust genug, um zumindest gewisse Trockenheit zu ertragen. Da man sie jedoch im Sommer unbedingt regelmäßig kontrollieren muss, handelt es sich eigentlich nicht um standortgerechte Arten. Zu diesen Farnen gehören beispielsweise der robuste Wurmfarn *(Dryopteris filix-mas)*, Hirschzungenfarn *(Asplenium scolopendrium)*, Engelsüß *(Polypodium vulgare)* oder der seltene Wimpernfarn *(Woodsia obtusa)*. Etwas günstiger sieht es bei Schriftfarn *(Asplenium ceterach)* und dem Braunen Streifenfarn *(Asplenium trichomanes)* aus, die beide auch in Trockenmauern wachsen.

Eine wilde Ecke

Sofern die betreffende Fläche nicht in direkter Sichtlinie eines Sitzplatzes liegt, bietet sich noch eine gänzlich andere Möglichkeit an: eine »wilde Ecke« für die heimische Tierwelt. Schichten Sie darauf einen lockeren Haufen aus unterschiedlichen dicken Zweigen und Reisig auf – hier finden Kleintiere Verstecke und Nahrung (wenn Sie Glück haben, baut darin sogar ein Zaunkönig sein Nest).

Igel suchen sich ihre Winterquartiere gerne unter Laubhaufen: Beginnen Sie mit einer umgestülpten, auf einer Seite offenen Holzkiste (maximal 20 Zentimeter hoch). Sie wird mit Folie als Nässeschutz abgedeckt und mit Laub und Reisig abgedeckt – einen schmalen Zugang nicht vergessen. Sollten sich in Ihrem Garten Igel aufhalten, werden sie diese Zuflucht finden. Bauanleitungen und weitere Tipps bieten die meisten örtlichen Naturschutzeinrichtungen an.

Sofern der trockene Halbschatten vor der Hecke in einen stärker besonnten Bereich übergeht, sollte man Strauch- oder Staudenbeete konzipieren, die sich organisch vom Sonnen- in den Schattenbereich hinein entwickeln.

Zu Füßen einer Koniferenhecke   99

Schattig, eher feucht

Ob im tiefen Waldschatten am Ufer kleiner Bäche,
unter Felsvorsprüngen oder am Boden enger Täler, in
der Natur kommen schattige, feuchte Biotope meist
kleinräumig daher. Auch im Garten sind es eher die un-
scheinbaren Nischen und Ecken, die im Schlagschatten
von Mauern oder dichten Gehölzen ein »Schattenda-
sein« fristen. Schaffen Sie Blickpunkte, nutzen Sie
Accessoires und wählen Sie Pflanzen nicht nur nach
den Blüten, sondern auch nach dem Laub aus. Linke
Seite: *Efeu* (Hedera helix) *und Wilder Wein* (Parthenocissus quinquefolia)*; oben: u.a. Schaublatt* (Rodgersia
'Rotlaub')*, Fetthenne* (Sedum telephium 'Herbstfreude')
und Funkie (Hosta).

Brunnen und kleine Gewässer

Schattenflächen eignen sich kaum, um ausgedehnte Teiche oder größere Wasserläufe anzulegen, da die besten Teich- und Teichrandpflanzen mehrere Stunden Sonne pro Tag benötigen. Dennoch bieten gerade Wassergärten vielfältige Möglichkeiten, um Schattenflecke zu beleben. Selbst die kleinste Wasserfläche dient als bewegter Spiegel und das Geräusch fließenden Wassers erzeugt die beruhigende Atmosphäre eines leise gurgelnden Waldbächleins. Da sich im feuchten Schatten Moose beinahe von selbst einstellen, sollte man die ersten, zarten Moospolster keinesfalls entfernen, sondern sie möglichst in die Gestaltung einbinden – in manchen japanischen Gärten werden solche kuppelförmigen Moos-

polster als äußerst dekorative Elemente bewusst gehegt und gepflegt.

Brunnennischen und Brunnen

In vielen Gärten der Vergangenheit gehörte der ruhig plätschernde Wandbrunnen als unverzichtbarer Bestandteil zur Gartenlandschaft. Im 17. Jahrhundert wurde es sogar regelrecht Mode, künstliche Grotten mit rinnenden Wasserläufen als Tore in eine mystische Unterwelt anzulegen.

Die moderne Gartentechnik mit ihren relativ preiswerten Pumpen ermöglicht es uns, völlig unabhängig von der Wasserleitung solche Brunnennischen im Kleinformat nachzuvollziehen. Alle Schattenflächen, die an eine

Ohne den Brunnen wirkte diese schattige Ecke sehr trist. So jedoch bilden Brunnenbecken mit Wassereinlauf und der pflanzliche Rahmen aus panaschierter Funkie (Hosta) *im Kübel, Efeu* (Hedera helix) *auf der Mauer und dem Farn eine reizvolle Szene.*

Mauer grenzen, sind dafür geeignet. Beachten Sie vor allem die Fallhöhe des Wassers: Je höher der freie Fall, desto lauter das Geräusch des plätschernden Wassers. Da der Brunnen als der eigentliche Blickpunkt fungiert, sollte sich sein Stil möglichst gut in den Garten einfügen.

Sehr nüchtern und klar wirken Brunnen mit geraden Wasserspeiern und rechteckigen Becken mit Ziegelsteinumrahmung. Plätschert das Wasser dagegen aus verspielteren Hähnen und fällt in ein Becken aus Bohlen oder Natursteinen, ändert sich der Charakter der Brunnennische nach rustikal – herrlich zum Beispiel als schattiger Abschluss eines Bauerngartens. In vielen Fachgeschäften werden auch »Stil-Brunnen« aus vorgefertigten Teilen angeboten. Sofern die Brunnenschalen nicht zu groß und zu auffällig sind, haben sie durchaus ihren Reiz, insbesondere wenn sie gut mit der pflanzlichen Umgebung verschmelzen.

In etwas größeren Brunnen können Wasserpflanzen wie die edle Sumpfkalla *(Calla palustris)*, Kleiner Igelkolben *(Sparganium natans)* oder der Sumpffarn *(Thelypteris palustris)* wachsen. Verkleiden Sie den Hintergrund mit Kletterpflanzen, die über die Mauer kriechen.

Quellen und Minibäche

Nicht an Mauern gebundene Schattenflächen lassen sich mit Sprudelsteinen oder kleinen, von Steinen herabstürzenden Wasserläufen

gestalten, wobei auch hier eine einfache Pumpe ausreicht. Neben Farnen und den allgegenwärtigen Moosen fühlen sich dieselben Pflanzen wohl, die man auch zur Gestaltung von feuchten Schattenbeeten verwendet (siehe unten). Besonders gut passen jedoch Arten, die auch an ihren natürlichen Standorten die Nähe zu Wasser suchen, wie zum Beispiel Japanseggen *(Carex morrowii)* oder Schattenseggen *(C. umbrosa)*, Funkien *(Hosta)*, Kalmus *(Acorus)*, das Schildblatt mit seinen riesigen Blättern *(Darmera peltata)*, Scheinkalla *(Lysichiton)*, Kerzenknöterich *(Bistorta amplexicaule)*; auch die hübschen Etagenprimeln *(Primula-Bullesiana*-Hybriden) vertragen sehr viel Schatten.

Vogeltränken sind Wasserflächen in einer aufs Äußerste reduzierten Form. Die komplementäre rote Farbe dieser flachen Schale wirkt wie ein Brennpunkt inmitten des Grüns von unter anderem Funkie (Hosta undulata, *im Zentrum), Lerchensporn* (Pseudofumaria lutea)*, Herbstglocke* (Kirengeshoma palmatum; *links) und einer Hortensie* (Hydrangea aspera *ssp.* sargentiana, *rechts).*

Kostbarkeiten im feuchten Schatten

Die nordamerikanische Waldpflanze Tellima grandiflora *ist ein gutes Beispiel für eine exotische, aber standortgerechte Gartenpflanze. Ihre Blütenstände mit grünlich-gelben Blüten überragen einen Horst hübscher Blätter. Sie wird eingerahmt von einer Blaublattfunkie* (Hosta)*, Farnen und Bergenien* (Bergenia)*.*

Pflanzen, die im Schatten überleben können, brauchen vor allem große Blätter, um möglichst viel des hier kostbaren Sonnenlichtes einzufangen. Daher wird man in einem standortgerecht und naturnah gestalteten Garten versuchen müssen, die variablen Formen der Blätter und ihre in vielen Grüntönen changierenden Farben optimal zu kombinieren. Dies erfordert ein gewisses Umdenken bei der Gestaltung: Während man in sonnigen Staudenbeeten meist von der Blütenfarbe ausgeht und dann nach interessanten Blattformen sucht, um die »blütenlose« Zeit zu überbrücken, wird ein erfolgreiches Schattenbeet von den Blättern her geplant. Statt prachtvoll blühender Leitstauden, die mit harmonisch darauf abgestimmten Blütenpflanzen kombiniert werden, sucht man zunächst nach markanten Blattschmuckstauden, deren Formen und

Farben durch andere Blätter bzw. Blüten akzentuiert werden. Die Farne, die in solchen Beeten ebenfalls eine wichtige Rolle übernehmen könnten, werden im folgenden Kapitel gesondert behandelt.

Bis auf Innenhöfe, die in der Tat vollständig im Schatten liegen können, sind schattige Zonen in den meisten Gärten räumlich begrenzt. Ein gutes Schattenbeet sollte daher versuchen, diese Schattenflächen in weichen Umrissformen nachzuzeichnen – gerade oder strenge Beetbegrenzungen wirken fast immer deplatziert.

Markante Sträucher

Die vermutlich beste Blattschmuckpflanze für einen festen Hintergrund ist die kletternde Pfeifenwinde *(Aristolochia macrophylla)*. Ihre bemerkenswert großen Blätter überziehen rasch jeglichen Untergrund – allerdings braucht sie mehrere Quadratmeter Raum, um sich entfalten zu können. Recht gut für den Hintergrund geeignet sind auch einige Arten der Bambusgattung Arundinaria, die kaum über 1 Meter hoch werden (in Fachgeschäften auch unter anderen Namen erhältlich). Sehr attraktiv ist die immergrüne Aukube *(Aucuba japonica)* mit ihren roten Beeren (nur bei weiblichen Exemplaren) und Sorten mit panaschierten Blättern. Leider ist sie – im Unterschied zur ebenfalls rotbeerigen Stechpalme *(Ilex aquifolium)* – nicht völlig winterhart und braucht daher in rauen Regionen Winterschutz. Etwas robuster sind die immergrünen Arten der Duftblüte *(Osmanthus)*, die zu mittelhohen Sträuchern mit hübscher Form heranwachsen. Immergrün ist auch die Mahonie *(Mahonia aquifolium)*, die sich in dem gesamten Bereich zwischen Halb- und Tiefschatten wohl fühlt und auch in Bezug auf den Boden recht anspruchslos ist. Die zahlreichen Arten und Sorten der Skimmien *(Skimmia)* brauchen neutralen bis sauren Boden, sind allerdings nicht besonders heikel. Die Sträucher sorgen für einen ruhigen Hintergrund, können aber auf größeren Flächen durchaus die Rolle eines Solitärs im Mittelgrund übernehmen.

Großblättrige Stars im Beet

Viele Blattschmuckstauden für den feuchten Schatten setzen allein aufgrund ihrer schieren Größe prachtvolle Blickpunkte im Beet. Daher sollten sie sparsam und gezielt eingesetzt werden. Eine einzige Staude dieser Art – isoliert oder etwas abgerückt vor einem Strauchhintergrund – reicht gewöhnlich bereits aus. Die drei Riesen in dieser Gruppe sind Mammut-, Schau- und Schildblatt. Das nicht ganz winterharte Mammutblatt *(Gunnera manicata)* sollte im Spätherbst abgedeckt werden. Im nächsten Frühjahr treibt die Staude bis zu 2 Meter große, grob gezackte Blätter aus, die an einen Dschungel erinnern. In ihrer direkten Nähe deckt man den Boden am besten mit Mulch oder kriechenden Bodendeckern ab,

Ein Schattenbeet muss keineswegs blütenlos sein. Oben: *Bärlauch* (Allium ursinum), *Salomonssiegel* (Polygonatum-*Hybride) und das Schaublatt* (Rodgersia aesculifolia; *blüht im Hochsommer) als »natürliche« Waldlandschaft.*
Unten: *Hohe Schlüsselblume* (Primula elatior) *und Lerchensporn* (Corydalis).

damit sich die Blätter in ihrer vollen Pracht entfalten können. Mit unter 1 Meter deutlich kleiner sind die zerteilten Blätter des Schaublattes (vor allem die Art *Rodgersia podophylla),* das zudem den Sommer mit hübschen Blüten in 30 Zentimeter hohen Rispen ziert. Etwa 60 Zentimeter Durchmesser haben die beinah kreisrunden Blätter des Schildblattes *(Darmera peltata)*, die sich im Herbst rot verfärben. Sie eignen sich wegen ihrer regelmäßigen Form besonders gut als Partner des gefiederten Schaublattes oder können wie Schirme ein Beet mit kriechenden Blütenpflanzen überragen.

Neben den panaschierten Blättern des heimischen Lungenkrautes *(Pulmonaria)* sind es vor allem die vielen Arten, Hybriden und Sorten der Funkien *(Hosta)*, die in keinem feuchten Schattenbeet fehlen dürfen. Funkien können allein oder in Kombination mit anderen Arten wachsen, da ihre prachtvollen Blattpolster zwar markant, aber doch nicht so dominant sind, dass sie die Wirkung anderer Blütenpflanzen unterdrücken. Funkien kommen am

besten in kleinen Gruppen zur Geltung, wobei man versuchen sollte, die verschiedenen Grüntöne der Blätter optimal zu nutzen: Kombinieren Sie beispielsweise eine große Blaublatt-Funkie mit einer gelb oder weiß panaschierten Form; den Vordergrund könnte eine kleinere Grünblatt-Funkie einnehmen. Wenn der Schatten nicht zu intensiv ist, bilden die tief eingeschnittenen Blätter des Hahnenfußes (zum Beispiel *Ranunculus aconitifolius)*, Waldgräser *(Luzula),* aber auch zierliche Farnwedel einen herrlichen Strukturkontrast.

Bodendecker

Als Bodendecker für den feuchteren Schatten kommt beispielsqweise der Ysander *(Pachysandra terminalis)* infrage. Er breitet sich allerdings stark aus und bietet sich daher vorwiegend für große Flächen an. Ysander ist im Übrigen ein guter Partner für Farne. Der Spindelstrauch *(Euonymus fortunei)* mit seinen Sorten ist ein niederliegender Strauch, ebenfalls für etwas größere Flächen. Das hübsche Immergrün *(Vinca minor, V. major)* gehört zwar ebenfalls zu den Ausläufer bildenden Pflanzen, kann aber durch regelmäßige Kontrolle »in Form« gehalten werden. Da sich die Ausläufer bewurzeln, liefert es ständig Nachschub für weitere Schattenbeete. Ein sehr ungewöhnlicher Bodendecker ist die heimische Haselwurz *(Asarum europaeum)* die nur 10 Zentimeter hoch wird und sich durch herzförmige, etwas fleischige Blätter auszeichnet.

Die fedrigen Blütenstände von Astilben (Astilbe)*, Wald-Glockenblumen* (Campanula) *und die dankbaren Hortensien* (Hydrangea) *zaubern das Flair eines Staudenbeetes in den Schatten.*

Blühende Pflanzen

Das Angebot an Blütenpflanzen für den feuchten Schatten ist größer als man glaubt, da viele der »halbschattigen« Arten durchaus auch mit weniger Licht zurecht kommen.

Schattenpflanzen können die Freiräume zwischen Blattschmuckstauden besiedeln, lassen sich aber auch zu völlig eigenständigen Arrangements zusammenstellen. Achten Sie bei der Auswahl der Arten auf eine möglichst konsistente Pflanzengesellschaft. Gerade in Schattenbeeten lassen sich so wunderschöne, heimische Waldaspekte nachzeichnen.

Läuten Sie den Frühling ein mit Buschwindröschen *(Anemone nemorosa)*, Blausternchen *(Scilla),* Märzenbecher *(Leucojum vernum)* oder den prachtvoll blühenden Christrosen *(Helleborus*-Arten und -Hybriden); auch viele Veilchen *(Viola)* oder Waldprimeln *(Primula)* sind dankbare Frühblüher.

Ab dem Spätfrühling und Frühsommer wird die Auswahl dann noch größer. Das lockere Ruprechtskraut *(Geranium robertianum)* siedelt sich meist von selbst an. Dazu passen alle Arten von Taubnesseln *(Lamium galeobdolon, L. purpureum),* Günsel *(Ajuga*-Arten und -Sorten), Mandelblättrige Wolfsmilch *(Euphorbia amygdaloides)*, der seltene und in der Natur geschützt Hundszahn *(Erythronium dens-canis* und exotische Arten) oder der Beinwell *(Symphytum)* und andere mehr. Um den Waldcharakter zu erhalten, sollten die Einzelpflanzen aber nicht zu dicht stehen;

decken Sie den Untergrund reichlich mit Laub ab oder fügen Sie einen dicken Ast hinzu, der nach und nach verrotten darf.

Exotischer und dennoch völlig standortgerecht wäre eine Bepflanzung mit den prachtvoll und üppig blühenden Prachtspieren *(Astilbe;* nicht im dauerhaften Vollschatten), mit denen allein der heimische Waldgeißbart *(Aruncus diocus)* mithalten kann. Sie sollten allerdings nicht übergangslos an niedrigere Pflanzen grenzen – Blattschmuckstauden oder blattbetonte Blütenpflanzen, wie Silberkerzen *(Cimicifuga racemosa* u. a.), Elfenblume *(Epimedium)*, Schaumblüte *(Tiarella cordifolia)* oder Kaukasusvergissmeinnicht *(Brunnera macrophylla)* sind gute Vermittler zum Vordergrund.

Hinter einem Vordergrund aus intensiv gefärbten Primeln locken die abwechslungsreichen Blattschmuckpflanzen des Schattens. Mehrere Funkien (Hosta) *leiten kontrastreich zum Bronzehauch des Schaublattes* (Rodgersia) *und den mächtigen Blättern des Riesenblattes* (Gunnera, *linker Hintergrund) über. – ein geschickt gestalteter und kontrastreicher Übergang.*

Farngarten

Während man einzelne, markante Farne wie Blattschmuckstauden in anderen Schattenbeeten verwenden kann, erfordert ein spezielles Farnbeet etwas mehr Planung. Farne sind nun einmal keine Blütenpflanzen, das heißt ihr Zauber wird sich nur dann entfalten, wenn die Konkurrenz durch Blüten völlig fehlt oder zumindest sehr zurückhaltend bleibt. Recht gut mit Farnen vertragen sich Alpenveilchen (Cyclamen), Waldmeister (Galium odoratum), Salomonssiegel (Polygonatum), Kleines Tränendes Herz (Dicentra formosa; das rosaweiße D. spectabilis zieht zu viel Aufmerksamkeit auf sich) oder die Golderdbeere (Waldsteinia ternata). Besonders gut an den leicht sauren Boden, den Farne lieben, sind Duftsiegel (Smilacina racemosa), Dreiblatt (Trillium erectum und andere Arten) oder die Wachsglocke (Kirengeshoma palmata) angepasst.

Die Umgebung

Zum Flair eines guten Farnbeetes tragen auch nicht-pflanzliche Accessoires bei, die aber

Hinter den im Vordergrund gepflanzten Elfenblumen (Epimedium; Sorten und Arten in weißen, gelben und roten Tönen erhältlich) sorgen die dekorativen »Sektkelche« des Straußenfarns – einzeln und in kleinen Gruppen – für leuchtend grüne Blickpunkte.

wiederum nicht zu stark von den Farnwedeln ablenken sollten. Besonders harmonisch wirken bemooste Zweige, Stämme, Baumwurzeln oder stehen gebliebene Stümpfe gefällter Bäume. Forcieren Sie die Ausbreitung von Moospolstern, indem Sie sich Moose besorgen: Achten Sie bei einem Waldspaziergang auf frisch gefällte Bäume mit abgeschälter Rinde. Auf solchen Rindenstücken befinden sich häufig kleinere Moospolster. Sie werden mit dem Rindenstück in den Garten gebracht und an dem »Deko-Holz« befestigt – zu Beginn regelmäßig mit Wasser übersprühen. Auch locker aufgetürmte Natursteine (kein Kalkstein!) oder eine verwitterte Gartenplastik dienen als interessante Blickpunkte, ohne von den Farnwedeln abzulenken. Wichtig ist auch die Gestaltung des Untergrundes. Da Farne nicht dicht an dicht stehen sollten, bleibt zwangsläufig etwas Gartenerde sichtbar. Verstreuen Sie regelmäßig kompostieren Laub- oder Rindenmulch zwischen den Farnen. Damit verbessern Sie nicht nur den Boden und halten ihn feucht, der dunkelbraune Mulch dient auch als wirkungsvolle Kulisse für die Farnpflanzen.

Auswahl der Farne

Ob die weit ausladenden, vielfach geteilten Wedel des Wurmfarns oder die Sektkelch-artig schmalen Trichter des Straußenfarns – die zarte Schönheit der Farne braucht eine gewisse Weite des Abstandes, um sich entfalten zu können. Daher lassen sich Farne nahezu perfekt dazu verwenden, einen schattigen, feuchten Hang zu begrünen, weil man hier ihre dekorativen Formen besonders vorteilhaft präsentieren kann.

In den Hintergrund – und nur auf ausreichend große Schattenflächen – gehört der Königsfarn *(Osmunda regalis)*, der mit bis zu 2 Meter Höhe eine Fläche von mindestens 1 Quadratmeter braucht. Dafür zeigen sich seine Wedel in gelbbrauner Herbstfärbung. Der recht anspruchslose, heimische Wurmfarn *(Dryopteris filix-mas)* kann durchaus den Hintergrund eines Farnbeetes bilden (dann dichter pflanzen), im Einzelstand neigen sich seine Wedel jedoch äußerst dekorativ zur Seite. Er wird über 1 Meter hoch und verlangt als Solitär etwa 1 Quadratmeter Standort. Zur selben Gattung gehört der seltenere spreuschuppige Wurmfarn *(D. affinis)*. Beide Arten sehen auch im Frühling hübsch aus, wenn sich ihre Wedel wie Bischofsstäbe entrollen.

Unbedingt in den Einzelstand und in die Nachbarschaft deutlich niedrigerer Pflanzen gehört der Trichter- oder Straußfarn *(Matteuccia struthiopteris)*. Er kann bis 150 Zentimeter hoch werden, bleibt aber häufig kleiner. Wie der Name andeutet, zeichnet er sich durch eng stehende, tief geteilte Wedel aus, die in einem streng geometrisch geformten, relativ engem Trichter stehen.

In der Höhe zwischen 40 bis 70 Zentimeter stehen mehrere Farngattungen zur Auswahl.

Der Pfauenradfarn *(Adiantum pedatum)* erreicht maximal 60 Zentimeter und wächst sehr ausladend mit dicht stehenden Wedeln. Da er »flacher« wirkt als Königs- und Wurmfarn, kann man ihn als Strukturkontrast in den Vordergrund dieser Gattungen setzen. Ziemlich robust ist der etwa gleich große Tüpfelfarn *(Polypodium vulgare)*, der sogar im Winter grün bleibt. Auch Perlfarn *(Onoclea sensibilis)*, Schildfarn *(Polystichum setiferum* und andere Arten) oder Frauenfarn *(Athyrium filix-femina)* eignen sich für den Mittelgrund eines Farnbeetes.

Der Zauber von Farngärten liegt auch darin, dass bereits eine einzelne Farnpflanze ausreicht, das Flair eines schattigen Wäldchens hervorzurufen – um wieviel mehr erst ganze Gruppe von Farnen! Gut platzierte, sparsam eingesetzte Details, eine kleine Plastik. Die vorwitzige Kapuzinerkresse (Tropaeolum; oben), *eine verwunschene Bank* (unten)*, lenken nicht von den filigranen Farnwedeln* (Polypodium) *ab.*

Schattig, eher trocken

In der Natur kommen trockene Schattenflächen äußerst selten vor, daher ist die Auswahl standortgerechter Pflanzen eingeschränkt. In schattigen Wäldern gedeihen allerdings einige Kletterpflanzen und Waldstauden, derer man sich auch im Garten bedienen kann. Außerdem verfügt der Gärtner über zwei – nicht gerade standortgerechte – Mittel zur Belebung trockenen Schattens: Gießkanne für regelmäßige Wasserversorgung und Pflanzkübel. Das Bild links zeigt eine dritte Alternative für kontemplative Geister auf: Das vom Zen-Buddhismus inspirierte Spiel mit Steinen und Kies – ganz ohne Pflanzen. Oben: *Waldrebe* (Clematis viticella 'Madame Julia Correvon') und *Geißblatt* (Lonicera japonica).

Schattige Efeulauben

Trockene, schattige Stellen im Garten entstehen überall dort, wo das Regenwasser den Boden nicht durchfeuchten kann, vor allem also im direkten Regenschatten von Mauern, Häusern, sehr dichten Koniferenhecken, beziehungsweise unter sehr dicht belaubten Laubbäumen. In der Tat handelt es sich hier um die schwierigsten »Problemzonen« eines Gartens. Zum Glück laufen solche Flächen jedoch gewöhnlich in einen halbschattig-trockenen oder schattig-feuchten Bereich aus, sodass man sich zumindest im Randbereich der Problemzone mit anderen Pflanzen behelfen kann. Das wichtigste Hilfsmittel des Gärtners bleibt jedoch die Gießkanne oder eine automatische Bewässerungsanlage, vor allem bei hochsommerlichen Temperaturen, wenn der Wasserverlust der Blätter auch ohne direkte Sonneneinstrahlung ansteigt – oder man entscheidet sich für eine rustikale aber standortgerechte Lösung wie eine Laube.

Die Laube

Lauben gehören zu den ältesten Gestaltungsmitteln einer Gartenlandschaft. Sie haben im Unterschied zu Pergolen geschlossene Seiten und ein Dach, sind aber im Unterschied zum Gartenhaus nicht vollständig durch kompakte Seitenwände abgeschlossen. Da ihre Grundfläche einen großen Teil der trockenen Schattenfläche einnimmt, sie andererseits aber vollständig begrünt werden können, schlägt man gewissermaßen zwei Fliegen mit einer Klappe:

die kritische Fläche wird optimal genutzt und der immergrüne Efeu sorgt ganzjährig für Farbe in einer Problemzone (im Sommer gießen)!

Für einen versierten Heimwerker stellt die eigentliche Laubenkonstruktion kein Problem dar, da tragende Balken, Dächer und die Rankgitter für die Seiten von fast allen größeren Baumärkten und Gartencentern einzeln oder als Komplettbausatz angeboten werden. Das wichtigste Entscheidungskriterium ist die Sichtbarkeit der eigentlichen Laube. Je stärker der Bewuchs durch Kletterpflanzen, desto neutraler kann die tragende Konstruktion geraten. Gut sichtbare Teile müssen dagegen durch Form und/oder Anstrich in den Stil des Gartens integriert werden.

◆ Zierliche Metallkonstruktionen haben gegen die Wüchsigkeit eines Efeus letztlich keine Chance. Selbst wenn die Metallträger das Gewicht eines alten Efeustrauches aushalten sollten, sie würden völlig unter den Blättern verschwinden.

Der Bewuchs

Da Efeu sich mit Haftwurzeln selbst am Untergrund verankert, braucht man die Triebe nur in der Anfangsphase zu leiten und an den erwünschten Stellen festzubinden. Neben dem heimischen Efeu (Hedera helix) wird noch der Kolchische Efeu (H. colchica) angeboten, der allerdings in rauen Regionen nicht völlig winterhart ist. Beide sollten zumindest

etwas gegossen werden, insbesondere, wenn die obersten Zweige von der Sonne beschienen werden. Vom heimischen Efeu gibt es eine Reihe von interessanten Sorten mit Variationen in der Blattgröße, -form und -farbe. Die panaschierten Sorten (zum Beispiel 'Goldheart') neigen allerdings im Vollschatten dazu, ihre hellen Blattzonen zugunsten von durchgängig grünen Blättern aufzugeben. Der immergrüne Efeu ist so wüchsig, dass man ihn nicht mit anderen Kletterpflanzen

kombinieren sollte. Gute Partner zu seinen Füßen bilden einige der schattenverträglichen Berberitzen (zum Beispiel *Berberis gagnepainii, B. julianae, B.* x *stenophylla*). Mehr Farbe erreicht man mit hängenden Blumenampeln, die an den Tragbalken der Laube befestigt werden. Man bepflanzt sie am besten mit Einjährigen, die bereits Blütenknospen angesetzt haben und tauscht sie nach der Blüte gegen andere aus.

Ein Meer von Petunien in Kübeln und Gefäßen bildet einen leuchtenden Vordergrund vor der an die Wand angelehnten, rustikalen Laube. Einjährige Sonnenpflanzen werden erst kurz vor der Blüte in den Schatten gesetzt und nach der Blüte wieder entfernt.

Kletterpflanzen im Mauerschatten

Wo die trockene Schattenfläche an eine Mauer grenzt – auch an eine Hausmauer – bietet sich statt einer Laube ein Bewuchs aus Kletterpflanzen und davor angeordneten Sträuchern und Stauden an.

Neben dem Efeu bietet hier der Wilde Wein *(Parthenocissus quinquefolia, P. tricuspidata)*

die beste Alternative. Er ist zwar nicht immergrün, verwandelt den Herbst aber mit seinen feurigen Blattfarben in ein farbenprächtiges Schauspiel. Allerdings sollten Sie nicht unbedingt genau jene Farbtöne erwarten, die ein Pflanzenprospekt verspricht: Die Ausfärbung der Blätter wird nämlich umso prächtiger, je mehr Sonne der Kletterstrauch erhält.

Eine blühende Alternative stellen die Wildformen der Waldrebe dar *(Clematis alpina, C. montana)*. Sie zieren sich zwar mit deutlich kleineren Blüten als die großblumigen Hybriden, sind dafür aber merklich robuster und auch blütenreicher. Da sie schwächer wachsen als der Wilde Wein, sollten die beiden Gattungen nicht nebeneinander gepflanzt werden, oder der Wilde Wein regelmäßig und gründlich zurückgeschnitten werden.

Zu Füßen der Kletterpflanzen bietet sich ein gemischtes Beet aus Sträuchern und Stauden an. Der Pfeifenstrauch *(Philadelphus coronarius)* bildet einen idealen Partner für die Waldreben, da sich beide auf basischem Boden besonders wohl fühlen. Die Hybriden des Pfeifenstrauches sind zwar nicht ganz so robust, kommen mit der Situation aber ebenfalls zurecht, wenn man ihnen im Sommer etwas Gießwasser gönnt. Steht mehr Platz zur Verfügung, bietet sich eine Zimthimbeere an *(Rubus odoratus)*, die am besten gedeiht, wenn man sie in Ruhe lässt. Es gibt sogar eine Wildrose, die recht gut im Schatten gedeiht – die Vielblütige Rose aus Südostasien *(Rosa*

multiflora). Sie treibt weiße, etwa 2 Zentimeter
große Blüten aus, wird etwa 3 Meter hoch
und fast so breit. Auch einige Zwergmispeln
*(Cotoneaster-Wateri-*Hybriden oder *C. salicifo-
lius)* lohnen den Versuch. Nicht in allen Baum-
schulen zu finden ist die Gelbwurz *(Xantho-
rhiza simplicissima)*, ein 60 Zentimeter hoher,
sehr anspruchsloser Strauch aus Amerika, der
sich durch große, attraktiv gefiederte Blätter
auszeichnet.

Die Lichtungen zwischen den Sträuchern füllt
man entweder mit Kübeln (siehe unten) oder
mit Waldstauden, wie dem Fingerhut *(Digitalis
purpurea*; bevorzugt allerdings leicht sauren
Boden), Simsen *(Luzula sylvatica)*, Lungen-
kraut *(Pulmonaria)* oder Beinwell *(Symphytum)*.
Auf basischem Boden gedeihen vor allem
Christrosen *(Helleborus niger)*, Nachtviole
(Hesperis matronalis) oder die Frühlings-
Platterbse *(Lathyrus vernus)*.

Für den Vordergrund bieten sich niedrige
Pflanzen an. Im Frühling blühen Frühlings-
Alpenveilchen *(Cyclamen coum),* Winterling
(Eranthis hyemalis), Blaustern *(Scilla bifolia)*
und Krokusarten und Hybriden *(Crocus;* als
Pflanzen der Sonne und des Halbschattens finden sie hier zwar keine idealen Bedingungen
vor, zeigen sich aber meist dennoch blühfreu-
dig). Auf der »sicheren Seite« ist man mit den
dankbaren Bergenien *(Bergenia)*, zierlichen
Leberblümchen *(Hepatica transsylvanica)* oder
dem Immergrün *(Vinca)*.

Oben: *Das Geißblatt* (Lonicera *im Bildzentrum; im
Vordergrund eine Kletterhortensie) mit mehreren
Arten und Sorten ist eine gut an den Schatten
(auch Halbschatten) angepasste Pflanzengattung,
deren wilde Vertreter den Unterwuchs von Wäldern
bilden. Ihre Sorten und Hybriden haben sich diesen
Charakter bewahrt.*
Unten: *Die Wildarten der Waldrebe (hier* Clematis
montana) *sind wüchsiger und deutlich anspruchsloser als die Hybriden; ihre Blüten erscheinen
früher, sind allerdings kleiner.*

Mobile Kübelgärten

Obwohl Funkien (Hosta) *an diesem schattigen Standort problemlos wachsen könnten, zeigt das Beispiel wie wunderbar sie auch im Kübel zur Geltung kommen – eine ungewöhnliche Idee für einen gepflasterten Platz.*

Sicher könnte man argumentieren, dass ein Kübelgarten ganz und gar keine naturnahe Bepflanzung darstellt, aber damit träfe man nicht das Wesen einer standortgerechten Gartengestaltung: Es geht eben nicht darum, einen »botanischen Garten« anzulegen, sondern um die optimale Ausnutzung der vorhanden Standortbedingungen. Ein schmaler Durchweg zwischen Hauswand und Garage ist gerade kein »natürlicher« Standort – mit einjährigen Sommerblumen in Kübeln oder Wandtöpfen verwandelt man diese schattige, trockene »Wüste« jedoch in eine blühende Oase. Die Standortbedingungen wurden analysiert, bewertet und das Ergebnis ist ein in der Tat standortgerechter, wenn auch mobiler Garten.

Die Vorteile eines mobilen Kübelgartens liegen auf der Hand – nicht nur für Problemzonen:

Form, Farbe und Größe eines Kübels sind wichtige Gestaltungsmerkmale, die ganz wesentlich den Stil eines Gartenbereichs bestimmen. Kübel dienen als Blickpunkte und Trennlinien, sie können von kleinen Sträuchern bis zu den vergänglichen Einjährigen des Sommers alle möglichen Pflanzen aufnehmen und bestens zur Geltung bringen. Man kann sie gezielt mit einer ganz bestimmten Erdmischung ausstatten und es ist relativ einfach sie zu pflegen. Kübel für schattige, trockene Standorte werden ganz nach Wunsch bepflanzt. Man setzt sie aber erst dann in den Schatten um, wenn die entsprechenden Pflanzen kurz vor ihrer besten Zeit stehen (zum Beispiel unmittelbar vor dem Aufgehen der Blütenknospen). Stauden werden anschließend wieder an ihren optimalen Standort umgesetzt, Einjährige kommen auf den Kompost – der Kübel ist bereit für die nächste Vorstellung.

Durch einen Belag mit hellen Kieseln, vielleicht auch einen weißen Anstrich der rückwärtigen Mauer, hellt man selbst trübste Standorte auf. Stellt man freundliche Kübel mit bunten Sommerblumen auf den Kies, entsteht die Illusion eines Sonnengartens, wo gar keiner ist.

Eine Alternative stellen die berühmten Kiesgärten der ostasiatischen Zen-Klöster dar. Löst man diesen Ansatz aus seinem spirituellen Kontext, bleibt immer noch eine ungewöhnliche Gestaltungsidee übrig: Platzieren Sie

»Inseln« aus großen Feldsteinen in ein »Meer« aus Kieseln und ziehen Sie mit einem Gartenrechen regelmäßige »Wellen« in dieses Beet. Wem dieser kontemplative Gartenbereich zu langweilig erscheint, kann ihn leicht mit Schattenbambus oder -gräsern in glasierten Kübeln – möglichst mit ostasiatischem Flair – beleben. Auch ein ausgehöhlter Stein mit Wasserpfütze bzw. eine Gartenplastik im asiatischen Stil können Wunder wirken.

Weitaus natürlicher wirken Kübelgärten, bei denen die Kübel entweder vollständig im Boden verschwinden oder aufgrund flacher Form nicht in Erscheinung treten. Um diesen Effekt zu erzielen, wird die entsprechende Fläche mit standortgerechten Bodendeckern bepflanzt, vorrangig also mit kriechendem Efeu *(Hedera helix)*, dazu Bergenien *(Bergenia)*, Johanniskraut *(Hypericum calycinum)* oder Immergrün *(Vinca minor, V. major)*. Sind versenkbare Kübel vorgesehen, sollte man einen Platzhalter aus Kunststoff eingraben (etwa einen alten Pflanzencontainer), in den die erwünschten Kübel ohne weitere Grabarbeiten eingesetzt werden. Ebenso gut eignen sich flache Pflanzschalen, die direkt auf die Erde oder eine unauffällige Platte (dient wiederum als Platzhalter, um die Bodendecker fern zu halten) gestellt werden.

Selbst die in vielen Gärten als »unbepflanzbar« abgewerteten Ecken im Licht- und Regenschatten von Mauern werden durch Kübelpflanzen (Hortensie und Ziertabak) zu mobilen Gärten umgestaltet. Als Bodendecker dient hier das zarte Bubiköpfchen (Soleirolia soleirolii); es verträgt keine starke, direkte Sonne und darf nicht betreten werden.

Serviceteil

Standortgerechte Beete

Die Gestaltungs- und Pflanzenbeispiele des Hauptteils orientieren sich weitestgehend an den herrschenden Standortbedingungen. Spannende Gärten leben jedoch gerade davon, dass sich ihre Besitzer mit den gegebenen Voraussetzungen auseinander setzen und sich ihnen nicht sklavisch unterordnen. Sicher wäre es verfehlt, Sonnenpflanzen in düstere Ecken zu verbannen oder einen Feuchte liebenden Farn in trockenen Sand zu pflanzen, aber die Kunst – und damit auch der enorme Reiz – eines standortgerecht geplanten Gartens besteht darin, die Bedingungen optimal zu nutzen und dennoch alle Möglichkeiten auszureizen.

Die Pflanzenwahl

Das Rückgrat eines naturnahen, standortgerechten Beetes bilden selbstverständlich die optimal angepassten Pflanzen. Sie sorgen dafür, dass ein erwünschter Aspekt beziehungsweise Erscheinungsbild des Gartenbereiches erzielt wird. Die Tabellen auf den folgenden Seiten stellen eine Auswahl der jeweils am besten geeigneten Pflanzen vor – aber eben nur eine Auswahl. Um das Potenzial möglicher Gartenpflanzen voll auszuschöpfen, sollten Sie in Gartencentern oder Gärtnereien nach Anregungen und weiteren Arten suchen. Konsultieren Sie die Angaben auf den Schildchen der Pflanzcontainer, fragen Sie das Personal nach Details (in diesem Punkt unterscheiden sich gute von schlechten Einkaufsquellen!). Viele Anregungen findet man auch in öffentlichen Parkanlagen oder Gartenschauen, in Gartenzeitschriften oder Katalogen von Pflanzenversendern. Letztlich kommt es darauf an, persönliche Pflanzlisten für jeden Bereich Ihres Gartens zu erstellen. Da nicht immer alle erwünschten Pflanzen in guter Qualität vorrätig sind, kann man diese Listen wie einen Einkaufszettel benutzen und nach und nach »abhaken«.

Risikobereitschaft

Neben den eigentlichen standortgerechten Pflanzen lohnen sich – insbesondere in den Randbereichen eines Lebensbereiches – Experimente mit Arten anderer Standorte.

◆ Sonnig und feucht: Wird der Boden etwas durchlässiger gemacht (siehe unten), darf man es hier durchaus mit Pflanzen für Trockenstandorte versuchen (allerdings keine extremen Spezialisten); einen Versuch sind auch an den feuchten Halbschatten angepasste Arten wert, sofern der Standort nicht ganztägig in der vollen Sonne liegt.

◆ Sonnig und trocken: Pflanzen des trockenen Halbschattens; Sonnenarten, die sich auf feuchteren Böden wohl fühlen, da man sie gezielt gießen kann.

◆ Halbschattig und feucht: Sonnenarten für feuchte Böden lohnen einen Versuch, vor allem wenn der Schatten durch lichte Gehölze erzeugt wird.

◆ Halbschattig und trocken: Entsprechende Sonnenarten und Pflanzen des feuchten Halbschattens (gießen).

◆ Schattig und feucht: Hier sind kaum Austausche möglich (allenfalls an Halbschatten angepasste Arten), die Bereiche lassen sich aber durch Kübelpflanzen aufwerten, die wieder an den Originalstandort umgesetzt werden.

◆ Schattig und trocken: Pflanzen des feuchten Schattens (gießen) und Kübelpflanzen.

Seite 118/119: *Die kompakten Polster Zypressen-Wolfsmilch (Euphorbia cyparissias) zeichnen die Formen der Steine nach, kontrastreich betont durch blau blühenden Salbei (Salvia) und die kugeligen Blütenstände des Zierlauchs (Allium).*
Seite 120: *Im standortgerecht bepflanzten Garten gibt es keine »Leerstellen«; in den Pflanztaschen zwischen den Natursteinen wachsen Traubenhyazinthe (Muscari) und Blaukissen (Aubrieta).*

Die Bestandsaufnahme

Abbildung 1 zeigt einen Garten mit einigen charakteristischen Merkmalen, auf die Sie bei der Bestandsaufnahme achten sollten. Je genauer Sie dabei die Bedingungen erfassen, zum Beispiel Wanderung von Schattenflächen, genaue Art des Schattens, Besonnung um die Mittagszeit (sehr heiß) oder in den Vor- und Nachmittagsstunden, desto leichter fallen später die Entscheidungen für die richtigen Pflanzen. Fertigen Sie eine ähnliche Skizze für Ihren eigenen Garten an, die später die Basis Ihrer Planungen bildet. Eine solche Skizze sollte in Form schriftlicher Einträge oder Schraffuren die wesentlichen Kriterien aufzeigen.

Berücksichtigen Sie bei Bäumen und Großsträuchern das Wachstum, denn mit der Krone weitet sich auch die Schatten-fläche aus.

Die Beispielgärten

Während die Vorschläge im Hauptteil eher allgemein gehalten sind, sollen die nun folgenden, skizzenhaften Entwürfe einige der dort behandelten Gartenbereiche etwas konkretisieren.

Der Bauerngarten (Abbildung 2) in einer feuchten, sonnigen Gartenecke ist für eine Fläche von 40 bis 50 Quadratmeter konzipiert, kann aber durch Reduktion von Beetfläche oder Verzicht auf die abgrenzende Hecke kleiner gestaltet werden.

Am meisten Platz spart man ein, wenn die Laube durch eine einfache Bank ersetzt und damit die Größe des Sitzplatzes (2) reduziert wird. Allerdings ist die Achse aus Tor-Weg-Bank (3 bis 1) ein prägendes Gestaltungsmerkmal und sollte möglichst erhalten bleiben.

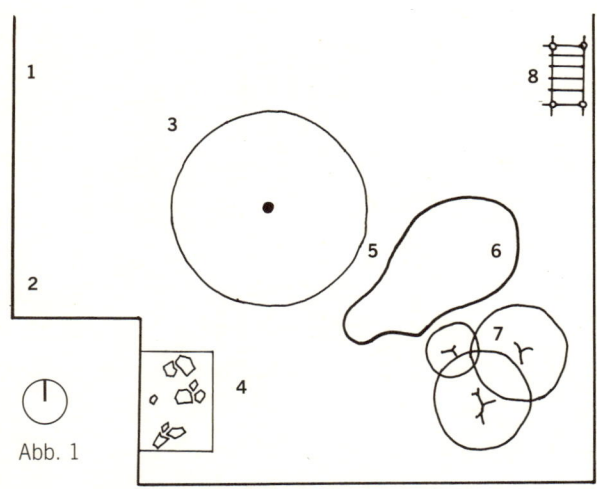

Abb. 1

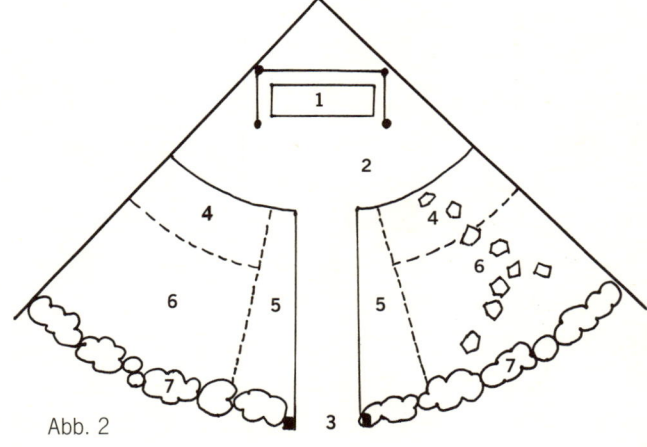

Abb. 2

1 Absonnig bis halbschattig zwischen einer Gartenmauer im Westen und einem Baum; insbesondere in Mauernähe sehr trocken, weil dort kaum natürlicher Niederschlag auf den Boden fällt
2 Schattig im Winkel zwischen Mauer und Haus
3 Halbschattig bis schattig unter dem Baum; relativ trocken (Bodenprobe machen)
4 Vollsonnig vor der Terrasse, allenfalls ab dem Spätnachmittag etwas Schatten auf der Terrasse (Bodenprobe machen, um die Bodenfeuchte zu bestimmen)
5 Sonnig bis halbschattig am Teichrand mit Sonne bis nachmittags
6 Vollsonnig; gute Stelle mit Tiefwasser (Kühlung) für Seerosen
7 Lichter Schatten unter Sträuchern
8 Sonnig; Sitzplatz mit Abendsonne

Bauerngarten im Gartenwinkel
1 Bank in einer offenen Laube
2 Sitzplatz mit Kies, Mulch, Ziegeln oder Naturstein (Zuweg mit demselben Belag)
3 Zugang unter Rosenbogen (oder andere Kletterpflanze)
4 Niedrige Zierpflanzen und/oder Gewürze
5 Zierpflanzen (oder Saum aus Buchsbaum)
6 Gemüse und/oder Zierpflanzen
7 Hecke aus Beeren- und Ziersträuchern

Abbildung 3 stellt die im Hauptteil behandelte Teichlandschaft im feuchten Halbschatten vor. Sie ist für eine Fläche von etwa 150 Quadratmeter konzipiert, wird aber kleiner, wenn man auf einzelne Teilstücke verzichtet. Große Teiche dieser Art bieten den unschätzbaren Vorteil, auch im Grenzbereich zwischen Sonne und Halbschatten einen Platz zu finden, wenn man die Bepflanzung entsprechend anpasst. In solchen Fällen sollte eines der Decks (1) eher in der Sonne, das andere eher im Halbschatten/Schatten liegen. Die Wassertiefe beträgt nur wenige Zentimeter, kann aber selbstverständlich beliebig tiefer sein (dann allerdings ohne die »Steininseln«).

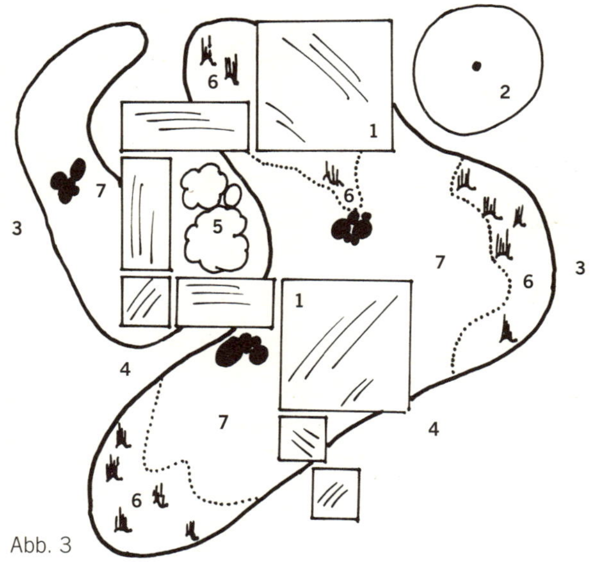

Die ornamentalen Buchsbaumgärten (Abbildung 4) werten ansonsten langweilige Flächen im trockenen Halbschatten auf. Mithilfe von Zirkel und Geodreieck lassen sich beliebige Fantasieformen entwerfen.

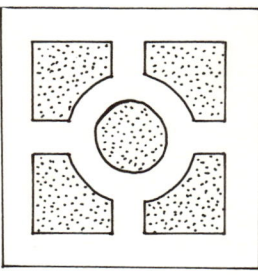

Abb. 4.1

Abb. 4.2

Abb. 4.3

Abb. 3

Teichlandschaft im Halbschatten
1 *Plankendecks als Sitzplätze und Verbindungswege; wechselnde Richtung der Beplankung lässt die Decks lebhafter erscheinen*
2 *Weide (zum Beispiel* Salix caprea, S. hastata*)*
3 *Niedrige Sträucher für den feuchten Halbschatten, jeweils übergehend in …*
4 *… Stauden für feuchten Halbschatten*
5 *Bambus*
6 *Schilf und Röhricht (bei tieferem Teich läge hier die Flachwasserzone)*
7 *Freiwasser mit »Steininseln«*

Abb. 4.1: *Größe etwa 120 x 120 cm bei 15 cm breiten Buchsbaumlinien*
Abb. 4.2: *Größe etwa 150 x 150 cm bei 15 cm breiten Buchsbaumlinien; der Entwurf wird mit Schnurzirkel auf den Boden übertragen*
Abb. 4.3: *Größe etwa 120 x 120 cm bei 15 cm breiten Buchsbaumlinien (entsprechend größer bei breiter wachsenden Sorten); die Kreise bezeichnen die Position kleiner Buchskugeln oder -kegel*

Sitzplätze im trockenen Halbschatten (Abbildung 5) unter einem Baum nutzen den Vorteil aus, dass ein Teil der Fläche nicht mehr bepflanzt werden muss. Die Fläche des Sitzplatzes beziehungsweise die Zusammenstellung der Sträucher und Stauden (auch Knollen- und Zwiebelpflanzen) richtet sich nach dem zur Verfügung stehenden Platz. Die bepflanzbare Baumscheibe ist punktiert dargestellt.

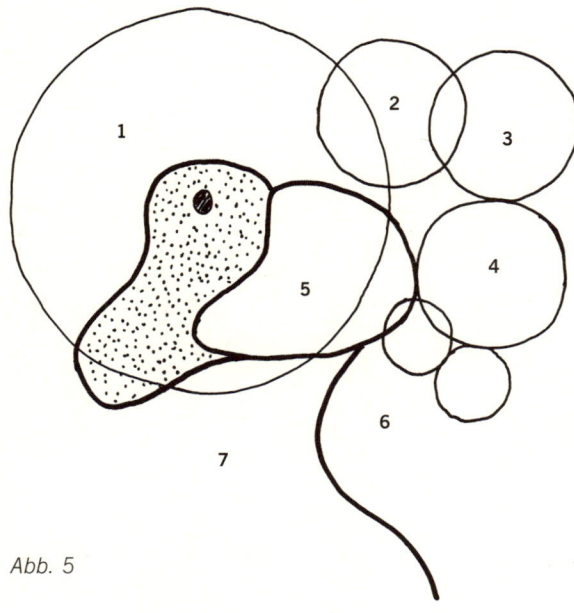

Abb. 5

Sitzplatz im Halbschatten
1 Baum
2 Wolliger Schneeball (Viburnum lantana)
3 Tatarischer Hartriegel (Cornus alba)
4 Felsenbirne (Amelanchier-*Arten*)
5 Sitzplatz
6 Stauden für den Halbschatten
7 Rasen

Bodenbearbeitung und Bodenverbesserung

Obwohl es das erklärte Ziel einer standortgerechten Planung sein sollte, für jeden Boden – und alle Lichtverhältnisse – die optimalen Pflanzen zu finden, braucht man die Bodenverhältnisse nicht einfach nur hinzunehmen. Durch einfache Maßnahmen lässt sich die Qualität jedes Bodens verbessern. Natürlich verändern Maßnahmen dieser Art nicht grundlegend den Charakter des Bodens, sie unterstützen jedoch seine positiven Eigenschaften und schwächen seine negativen ab. Ausnahmen von dieser Regel bilden nur Beete mit Sonderkulturen, wie zum Beispiel Moorbeete oder Kalksteingärten, auf »falschen« Böden.

In solchen Fällen muss der Boden in der Größe des geplanten Beetes ausgehoben und durch einen gänzlich anderen Boden ersetzt werden: Moorbeete werden durch eine Teichfolie vom natürlichen Boden abgetrennt und mit einer sauren Torfmischung gefüllt; Kalksteinbeete bekommen eine tief reichende Dränageschicht und werden mit Kalksteinen und möglichst basischem Boden aufgefüllt.

Bodenverbesserung vor der Bepflanzung

Nachdem die Bodenuntersuchung durchgeführt wurde, bietet es sich häufig an, den Boden gründlich zu bearbeiten, noch ehe die Beete angelegt werden. Es wäre zwar völlig verfehlt, den Boden seines gesamten Gartens zu »verbessern«, aber die Mühe lohnt sich sowohl für dicht bepflanzte Stauden- oder Strauchbeete als auch für Flächen, auf denen Gemüseanbau (zum Beispiel ein Bauerngarten) geplant ist.

In dem breiten Spektrum mittlerer, lehmiger Böden (gute Mischung aus sandigen und tonigen Anteilen; locker und krümelig; pH-Wert um den Neutralpunkt bei pH 7) ist dies allerdings nicht erforderlich, hier reichen die regelmäßigen Pflegemaßnahmen.

Sehr sandige Böden (»eher trocken«) haben den Vorteil, besonders locker zu sein, dafür aber den Nachteil geringen Haltevermögens: Wasser und die darin gelösten Nährstoffe fließen zu rasch ab und stehen den Pflanzen nicht mehr zur Verfügung. Hier sind also Maßnahmen erforderlich, die es dem Boden erlauben, mehr Wasser zu speichern.

Grundsätzlich gibt es zwei Möglichkeiten, dies zu erreichen:

– Biologische Methode: Mischen Sie dem Sand gute Komposterde bei (etwa 1–2 Spatenblätter tief), die zusätzlich mit Stein- und Tonmehl (Tonminerale) versetzt wurde. Zusammen mit den laufenden Pflegemaßnahmen wird der Boden »bindiger«.

– Künstliche Methode: Diese Methode ist keineswegs schlechter, sie basiert nur auf einer anderen Voraussetzung. Ähnlich große Oberflächen wie Tonminerale weisen auch spezielle Schaumstoffflocken auf, die an einem windstillen Tag (die Flocken sind leicht wie Styropor) in den Boden eingearbeitet werden.

Sehr tonige Böden (»eher feucht«) halten zwar im Verhältnis enorme Mengen von Wasser und Nährstoffen fest, neigen aber dazu, bei Trockenheit zu verfestigen.

Verbesserungsmaßnahmen zielen demnach darauf, die Porenstruktur des Bodens zu vergrößern, ihn lockerer und durchlässiger zu machen. Dazu muss er tiefreichend (2–3 Spatenblätter tief) ausgehoben und mit Sand, gemahlenem Gesteinsmehl und grobem Kompost vermischt werden (die entsprechenden Techniken heißen »Holländern« bzw. »Rigolen«). Der Trick besteht darin, die mit dem Spaten ausgehobenen Schollen zunächst beiseite zu legen und nach der Mischung wieder zuzugeben, sodass die Schichtung des Bodens erhalten bleibt. Obwohl der Aufwand recht groß ist, erhält man dadurch einen sehr fruchtbaren (Tonanteil) und dennoch relativ durchlässigen Boden.

Bodenverbesserung nach der Bepflanzung

Wenn man einen bereits bewachsenen Garten übernimmt oder eine Umgestaltung des Bodens aus anderen Gründen nicht möglich ist, bleiben immer noch einige regelmäßige Pflegemaßnahmen übrig, die den Boden verbessern und seine Fruchtbarkeit erhalten.

An erster Stelle ist hier das Mulchen zu nennen: Mulch schützt den Boden vor Austrocknung, hält ihn warm und locker; er ist Substrat für die Bodenorganismen, gewissermaßen ein Komposthaufen in Flächenform; er verhindert, vor allem bei tonhaltigen Böden, dass die Bodenoberfläche in der Sonne verhärtet oder durch Platzregen verdichtet wird und er unterdrückt das Auskeimen von den meisten einjährigen Unkräutern. Der beste Mulch besteht aus angerottetem Kompostmaterial, doch auch fein zerteilter Rindenmulch, gehäckselte und vorkompostierte Zweige oder Grasschnitt sind gut geeignet.

Breiten Sie den Mulch regelmäßig im Herbst etwa handbreit hoch auf den Beeten aus und lassen Sie ihn den Winter über liegen. Im Frühling wird er mit einer einzinkigen Harke (Sauzahn) oder einem Grubber vorsichtig in die oberste Bodenschicht eingearbeitet. Sommermulch sollte dünner ausgebracht werden (achten Sie bei sehr feuchten Böden darauf, dass sich weder Staunässe noch Fäulnis entwickelt).

Um den Boden fruchtbarer zu machen, wird Kompost/Humus auf der Oberfläche ausgestreut und in die oberste Bodenschicht eingearbeitet (ideal bei sandigen Böden). Auf diese Weise reichert man den Boden mit organischer Substanz an und lockert ihn gleichzeitig auf. Stein- und Tonmehle versorgen den Boden dauerhaft mit wichtigen Mineralien und Spurenelementen. Im Idealfall, sofern eine professionelle Bodenanalyse durchgeführt wurde, wird das Steinmehl so gewählt, dass Mineralmängel ausgeglichen werden.

Düngung

In Bezug auf die Düngung ist die Grenzlinie zwischen konventionellen und Biogärtnern besonders scharf. In einem standortgerechten Garten braucht man allerdings in der Tat keine intensive mineralische (Kunst-)Düngung. Fast immer reicht eine ausgewogene Mischung aus Kompost, Mulch und einem organischen Langzeitdünger völlig aus.

Nur bei Sonderstandorten sollten Sie den jeweiligen Spezialdünger erwerben (saure Rhododendron-Dünger, Kalkdüngung für Kalk liebende Sträucher usw.).

Pflanzen für sonnige, eher feuchte Standorte

Die Pflanzen sind nach Beginn und Länge der Blütezeit angeordnet.

Name	Höhe	Blütezeit	Blütenfarbe	Anmerkungen
Bellis perennis Gänseblümchen	15–20 cm	III – V	Weiß, Rosa, Rot	Einjährig; Boden nährstoffreich, locker; verträgt etwas Schatten; Sorten
Fritillaria imperialis Kaiserkrone	60–100 cm	IV	Gelb, Orange, Rot	Zwiebelpflanze; Boden nährstoffreich, durchlässig; Sorten
Caltha palustris Sumpf-Dotterblume	20–30 cm	IV – V	Gelb	Staude; verträgt tonige, staunasse Böden und lichten Halbschatten
Erysimum cheiri Goldlack	30–70 cm	IV – V	Gelb, Orange, Rot	Zweijährig; anspruchslos; Sorten; vorkultivierte Pflänzchen oder Aussaat
Iris pseudacorus u.a. Schwertlilie	80–120 cm	V – VI	Gelb; andere Arten Violett bis Blau	Stauden; verträgt Staunässe und leichten Halbschatten
Paeonia lactiflora Edel-Pfingstrosen	50–110 cm	V – VI	Weiß, Rottöne	Staude; Boden nährstoffreich, nicht zu nass; viele Sorten
Wisteria floribunda Glyzine	bis 800 cm	V – VI	Hellblauviolett	Strauch (Kletterpflanze); Boden nährstoffreich; sehr wüchsig; Sorten
Deutzia-Hybriden Deutzie	100–200 cm	V – VII	Weiß	Strauch; anspruchslos; Sorten
Chionanthus virginicus Schneeflockenstrauch	400–500 cm	VI	Weiß	Strauch; anspruchslos; verträgt auch lichten Schatten; hellgelbe Herbstfärbung
Aralia elata Aralie	200–300 cm	VI – VII	Weiß; Blattschmuck	Strauch; keine staunassen Böden; Jungpflanzen brauchen Winterschutz; panaschierte Formen
Geranium pratense Wiesen-Storchschnabel	50–120 cm	VI – VII	Blau bis Blauviolett	Staude; verträgt sehr tonige Böden; Selbstaussaat
Lilium-Hybriden Lilien	50–150 cm	VI – VII	fast alle Farbtöne	Zwiebelpflanzen; Boden nährstoffreich, feucht aber nicht staunass; wechselndes Sortenangebot
Alchemilla mollis Frauenmantel	30–50 cm	VI – VIII	Limonengrün bis Gelb	Staude; nährstoffreiche Lehmböden, auch tonige Böden; verträgt leichten Schatten
Campanula persicifolia Glockenblume	50–100 cm	VI – VIII	Weiß, Blauviolett	Staude; optimal auf Lehm, keine Staunässe; Sorten
Campsis radicans Trompetenblume	bis 100 cm	VI – VIII	Orange, innen Rot	Kletternder Strauch; Boden nährstoffreich, humushaltig; Kletterhilfe empfehlenswert
Antirrhinum majus Löwenmäulchen	20–100 cm	VI – IX	alle Farben außer Blau	Einjährig; Boden nährstoffreich, locker, nicht zu feucht; Sorten
Calendula officinalis Ringelblume	30–70 cm	VI – IX	Gelb bis Orange	Einjährig; Boden nährstoffreich, verträgt etwas Trockenheit; Sorten

Name	Höhe	Blütezeit	Blütenfarbe	Anmerkungen
Delphinium-Hybriden Rittersporn	bis 200 cm	VI – IX	Weiß, Rosa, Blau	Staude; ideal ist lehmiger Boden; große Sortenauswahl; hohe Sorten stäben; Nachblüte möglich
Erigeron-Hybriden Feinstrahlaster	50–80 cm	VI – IX	Weiß, Rot- bis Blautöne	Staude; Probleme nur auf sehr tonreichen Böden; viele Sorten; Nachblüte möglich
Gladiolus-Hybriden Gladiolen	40–140 cm	VI – IX	fast alle Farben außer Blau	Knollenpflanze; Boden nährstoffreich; Knollen im Herbst entnehmen; zahlreiche Sorten
Helenium-Hybriden Sonnenbraut	60–150 cm	VI – IX	Gelb bis Dunkelorangerot	Staude; ideal sind lehmige Böden; zahlreiche Sorten; hohe Sorten stäben
Phlox paniculata Staudenphlox	50–150 cm	VI – IX	Weiß, Rottöne	Staude; Boden nährstoffreich, humushaltig; zahlreiche Sorten
Rudbeckia-Arten Sonnenhut	50–200 cm	VI – IX	Gelb mit dunkler Mitte	Staude; Boden nährstoffreich, lehmig, nicht zu nass; Sorten
Cosmos bipinnatus Schmuckkörbchen	50–110 cm	VI – X	Weiß, Rosa, Rot	Einjährig; Boden nährstoffreich, locker; Sorten
Tagetes-Hybriden Studentenblume	15–120 cm	VI – X	Gelb, Orange, Rot	Einjährig; anspruchslos, keine stark tonigen Böden; viele Sorten
Alcea rosea Stockrose	160–220 cm	VII – IX	Weiß, Gelb, Rot	Einjährig; Boden nährstoffreich, locker, nicht zu feucht; Sorten
Callistephus chinensis Sommeraster	20–90 cm	VII – IX	Weiß, Gelb, Rot- bis Blautöne	Einjährig; Boden nährstoffreich; große Sortenauswahl; Aussaat im Haus oder direkt ins Beet
Echinacea purpurea Purpur-Sonnenhut	70–100 cm	VII – IX	Rot	Staude; ideal ist lehmiger Boden; Sorten
Lythrum salicaria Blut-Weiderich	80–140 cm	VII – IX	Rotviolett	Staude; Boden nährstoffreich, auch staunass; verträgt lichten Schatten; Sorten
Physostegia virginiana Gelenkblume	60–120 cm	VII – IX	Hellrosa	Staude; Boden nährstoffreich; verträgt etwas Schatten
Solidago-Hybriden Goldrute	50–80 cm	VII – IX	Gelb	Staude; Boden nährstoffreich, sonst anspruchslos, Sorten
Cleome spinosa Spinnenblume	80–140 cm	VII – X	Weiß, Rosa, Rot, Violett	Einjährig; Boden etwas durchlässig, nicht zu feucht; Sorten
Zinnia elegans Zinnien	30–100 cm	VII – X	Weiß, Gelb, Orange bis Rot	Einjährig; Boden nährstoffreich, Sorten
Aster novi-belgii u.a. Glattblatt-Astern	80–140 cm	IX – X	Weiß, Rot- und Violetttöne	Staude; ideal sind lehmige Böden; viele Sorten; Raublatt-Astern *(A. novae-angliae)* nicht auf schweren Böden
Miscanthus sinensis Chinaschilf	100–270 cm	IX – X	Cremeweiß bis Silbrig	Staude (Gras); Boden nährstoffreich; Sorten
Ricinus communis Wunderbaum	200–300 cm	IX – X	Blattschmuckpflanze	Einjährig kultiviert; Boden nährstoffreich (Kopfdüngung empfehlenswert); Sorten

Pflanzen für sonnige, eher trockene Standorte

Die Pflanzen sind nach Beginn und Länge der Blütezeit angeordnet.

Name	Höhe	Blütezeit	Blütenfarbe	Anmerkungen
Crocus chrysanthus Krokus	5–10 cm	II – III	Goldgelb bis Bronze	Zwiebelpflanze; Boden durchlässig, sommertrocken sein; *Crocus*-Hybriden vertragen Halbschatten
Iris reticulata Netziris	10–20 cm	III – IV	Blau bis Blauviolett	Zwiebelpflanze; je durchlässiger (steiniger) der Boden, desto besser; viele Sorten
Aurinia saxatilis Felsen-Steinkresse	25–40 cm	IV – V	Gelb	Staude; Boden durchlässig; Sorten
Hyacinthus orientalis Hyazinthen	20–30 cm	IV – V	Weiß, Gelb, Rot- und Blautöne	Zwiebelpflanze; Boden durchlässig, darf etwas feuchter sein; viele Sorten
Muscari armeniacum Traubenhyazinthe	15–25 cm	IV – V	Blau	Zwiebelpflanze; Boden darf etwas feuchter sein, sonst anspruchslos; Sorten und andere Arten
Tulipa-Hybriden Tulpen	15–65 cm	IV – V	alle Farben außer reinem Blau	Zwiebelpflanze; ideal sind sandige Böden, ziemlich anspruchslos; zahlreiche Sorten
Buddleja alternifolia Schmetterlingsstrauch	bis 400 cm	V	Purpurlila	Strauch; je leichter und lockerer der Boden, desto besser; B. davidii braucht Kalkdüngung; Sorten
Armeria maritima Grasnelke	20–30 cm	V – VI	Weiß, Rosa bis Rot	Staude; Boden muss locker, darf aber etwas feuchter sein; Sorten
Euphorbia griffithii Himalaja-Wolfsmilch	50–80 cm	V – VI	Feuerrot	Staude; Boden durchlässig und nährstoffreich; verträgt lichten Schatten
Genista Ginster	10–80 cm	V – VI	Weiß, Gelb	Strauch; die meisten Arten sind anspruchslos, wenn der Boden nur durchlässig genug ist; mehrere Sorten
Iris-Barbata-Hybriden Bartiris	10–120 cm	V – VI	alle Farben, auch zweifarbig	Staude; Boden nährstoffreich, humusarm, durchlässig; gelegentlich Kalkdüngung; breites Angebot an Sorten
Papaver orientale Türkischer Mohn	30–100 cm	V – VI	Weiß, Rosa, Rot	Staude; Boden durchlässig und nährstoffreich; auch im Sommer nur sparsam gießen; Sorten
Allium Zierlauch	40–150 cm	V – VII	Rot bis Purpurviolett	Zwiebelpflanze; Boden durchlässig und nährstoffreich; zur Hauptblütezeit etwas gießen; mehrere Arten und Sorten
Dianthus gratianopolitanus Pfingstnelke	5–20 cm	V – VII	Weiß, Rosa, Rot	Staude; Boden locker und nicht zu nährstoffreich; Sorten
Dianthus barbatus Bartnelke	50–60 cm	V – VIII	Weiß, Rosa, Rot, zweifarbig	Einjährig; Boden durchlässig, sonst keine Ansprüche; Sorten
Salvia nemorosa Steppensalbei	40–80 cm	V – VIII	Violettblau	Staude; Boden durchlässig, nährstoffreich; *S. officinalis* ähnlich, braucht gelegentliche Kalkdüngung; Sorten
Rosa-Arten und -Hybriden Rosen	50–500 cm	V – IX	alle Farben außer Blau	Strauch; Boden locker, möglichst reich an Humus und Nährstoffen; sehr breites Angebot

Name	Höhe	Blütezeit	Blütenfarbe	Anmerkungen
Sedum Fetthenne	5–60 cm	V – IX	Weiß, Gelb, Rosa, Rot	Staude; Boden unbedingt durchlässig, humusarm (ggf. Sand beimischen); Arten und Sorten
Eremurus robustus Steppenkerze	200–250 cm	VI – VII	Weiß	Staude; Boden nährstoffreich, durchlässig; verwandte Arten
Festuca cinerea Blauschwingel	30–60 cm	VI – VII	Graugrün	Staude (Gras); Boden möglichst arm an Humus und Nährstoffen; Sorten mit fast blauen Blättern
Sempervirum Hauswurz	10–30 cm	VI – VII	Rosa bis Dunkelrot	Staude; Boden möglichst nährstoffarm und kiesig (beimischen); mehrere Arten und Sorten
Achillea millefolium Schafgarbe	70–130 cm	VI – IX	Gelb; Sorten in Rottönen	Staude; Boden möglichst nährstoffreich, sonst anspruchslos; Sorten und Hybriden
Coreopsis grandiflora Mädchenauge	30–90 cm	VI – IX	Goldgelb	Staude; Boden nicht zu nährstoffreich, sandige Böden verbessern; Sorten
Verbena-Hybriden Verbene	20–30 cm	VI – IX	Weiß, Rot bis Dunkelviolett	Einjährig; Boden durchlässig und nährstoffreich, darf etwas feuchter aber nie nass sein; viele Sorten
Eschscholzia californica Schlafmützchen	30–40 cm	VI – X	Weiß, Gelb, Rot	Einjährig gezogen; Boden nährstoffreich und unbedingt trocken; Sorten
Agapanthus-Headbourne- Hybriden, Schmucklilie	70–90 cm	VII – VIII	Blau	Staude; Boden nährstoffreich, möglichst tiefgründig; im Frühling und Sommer gießen
Stachys byzantina Wollziest	10–30 cm	VII – VIII	Blassrosa	Staude (silbrig, wollige Blätter); Boden durchlässig und möglichst nährstoffarm; Sorten
Crocosmia x crocosmiiflora Montbretie	60–80 cm	VII – IX	Orangerot	Zwiebelpflanze; Boden durchlässig und nährstoffreich; Winterschutz (Laub und Fichtenzweige); Sorten
Echinops bannaticus Kugeldistel	80–120 cm	VII – IX	Silbrig blau	Staude; Boden unbedingt durchlässig, gelegentlich Kalkdüngung
Kniphofia-Hybriden Fackellilie	60–140 cm	VII – IX	Gelb, Orange, Rosa, Rot	Staude; Boden nährstoffreich, durchlässig; Sorten
Lavatera trimestris Bechermalve	50–80 cm	VII – IX	Weiß, Rosa, Rot	Einjährig; Boden locker, eher nährstoffarm; Sorten
Ageratum houstonianum Leberbalsam	10–70 cm	VII – X	Weiß, Rosa bis Blauviolett	Einjährig; Boden nährstoffreich; auf keinen Fall Staunässe
Dahlia-Hybriden Dahlien	30–160 cm	VII – X	alle Farben außer Blau	Knollenpflanze; Boden durchlässig, nicht zu nährstoffreich; riesige Auswahl an Formen und Sorten
Caryopteris x clandonensis Bartblume	bis 100 cm	VIII – X	Blau	Strauch; Boden möglichst leicht (ggf. Sand beimischen), friert zwar zurück, blüht aber am einjährigen Holz; Sorten
Chrysanthemum-Hybriden Chrysanthemen	40–100 cm	VIII – XI	alle Farben außer Blau	Staude, ideal sind *Indicum*-Hybriden; Boden nährstoffreich und durchlässig; viele Sorten
Aster ericoides Myrtenaster	80–120 cm	IX – X	Weiß, Rosa, Hellviolett	Staude; Boden darf etwas feuchter sein; Sorten

Pflanzen für halbschattige, eher feuchte Standorte

Die Pflanzen sind nach Beginn und Länge der Blütezeit angeordnet.

Name	Höhe	Blütezeit	Blütenfarbe	Anmerkungen
Galanthus nivalis Schneeglöckchen	10–15 cm	II – IV	Weiß	Zwiebelpflanze; ideal sind humusreiche Lehmböden, anspruchslos
Primula-Arten und -Sorten Primeln	15–25 cm	II – V	Weiß, Gelb, Blaulila bis Rot	Stauden; Boden humusreich und möglichst lehmig; Etagenprimeln höher
Rhododendron-Arten Rhododendron	bis 400 cm	II – VI	alle Farben	Strauch, immergrün oder Laub abwerfend; Böden humusreich, sauer; sehr große Auswahl
Viola odorata Märzveilchen	10–15 cm	III – IV	Hellviolettblau	Staude; jeder einigermaßen lockere Boden; Sorten
Pieris japonica Lavendelheide	200–300 cm	III – V	Weiß	Strauch, immergrün; Boden humusreich, sauer, auch etwas mehr Schatten
Trollius-Hybriden Trollblumen	40–70 cm	IV – VI	Gelb	Staude; Boden nährstoffreich, lehmig; bei Nässe auch in der Sonne; Sorten
Dicentra spectabilis Tränendes Herz	60–90 cm	V – VI	zweifarbig Rosa-Weiß	Staude; lockere Böden; je feuchter der Boden, desto mehr Sonne wird vertragen; Sorten und verwandte Arten
Lamium maculatum Gefleckte Taubnessel	15–40 cm	V – VI	Rot bis Lilarot	Staude; lockere, nährstoffreiche Böden; Sorten und verwandte Arten
Polygonatum-Arten Salomonssiegel	60–100 cm	V – VI	Weiß	Staude; humusreiche, lockere Böden; Sorten
Skimmia-Arten Skimmie	50–100 cm	V – VI	Weiß	Strauch, immergrün; Böden humusreich, sauer, anspruchslos; große Auswahl
Hemerocallis-Hybriden Taglilie	40–110 cm	V – VIII	Gelb, Orange, Rot	Staude; optimal nährstoffreicher Lehm, auch etwas feuchter; verträgt Sonne; viele Sorten
Aruncus dioicus Wald-Geißbart	150–200 cm	VI – VII	Cremeweiß	Staude, nährstoff- und humusreiche, lehmige Böden
Campanula latifolia Wald-Glockenblume	80–100 cm	VI – VII	Blauviolett, Weiß	Staude; möglichst nährstoffreicher Boden, humushaltig, weiße Sorte
Hosta-Arten und -Sorten Funkien	bis 120 cm	VI – VIII	Weiß, Blau bis Violett	Staude; humusreiche, lehmige Böden, nicht zu feucht; verträgt Schatten; herrlicher Blattschmuck
Astilbe Prachtspiere	20–120 cm	VI – IX	Weiß, Elfenbein, Rosa bis Rot	Staude; Boden humus- und nährstoffreich – die beste Blütenstaude für den Halbschatten, Arten und Sorten
Ligularia dentata Ligularie	100–120 cm	VIII – IX	Gelb	Staude; nährstoffreiche Böden; verträgt große Nässe; Sorten und verwandte Arten
Anemone hupehensis var. *japonica* Herbst-Anemonen	60–140 cm	VIII – X	Weiß bis Rosa	Staude; nährstoff- und humusreiche Böden; Sorten und verwandte Arten
Aconitum carmichaelii Herbst-Eisenhut	100–140 cm	IX – X	Blau	Staude; nährstoffreiche Böden; *A. napellus* blüht VI – VII

Pflanzen für halbschattige, eher trockene Standorte

Die Pflanzen sind nach Beginn und Länge der Blütezeit angeordnet.

Name	Höhe	Blütezeit	Blütenfarbe	Anmerkungen
Daphne mezereum Seidelbast	100–150 cm	II – III	Karminrot	Strauch; Boden unbedingt kalkhaltig und locker; sehr giftig
Chionodoxa luciliae Schneestolz	10–15 cm	III – IV	Blaulila	Zwiebelblume; Boden nährstoffreich
Anemone blanda Balkan-Anemone	20–25 cm	III – V	Weiß, hell Violettblau	Knollenpflanze; Boden humushaltig; Sorten
Narcissus-Hybriden Narzissen	30–60 cm	III – V	Weiß, Orange, Gelb, zweifarbig	Zwiebelpflanze; Boden locker und sandig, aber nicht zu trocken (manche vertragen feuchtere Böden)
Chaenomeles Zierquitte	100–200 cm	IV – V	Weiß, Rosa, Rot	Strauch; Boden möglichst sandig, kalkhaltig; Arten und Sorten
Euphorbia polychroma Gold-Wolfmilch	30–50 cm	IV – V	Gelb	Staude; möglichst kalkhaltige Böden, unbedingt durchlässig
Lathyrus vernus Frühlings-Platterbse	20–30 cm	IV – V	Rot bis Blauviolett	Staude; anspruchslos, ideal ist humushaltiger Gartenboden, verträgt etwas Kalk
Aquilegia-Hybriden Akelei	40–70 cm	V – VI	Weiß, Rosa bis Rot, Violett bis Blau, Weiß	Staude; humusreiche Böden; Sorten und verwandte Arten
Convallaria majalis Maiglöckchen	15–25 cm	V – VI	Weiß	Knollenpflanze; lockere Böden
Pyracantha Feuerdorn	200–400 cm	V – VI	Weiß	Strauch; leuchtende Beeren, möglichst sandiger Boden, etwas kalkhaltig; Arten und Sorten
Centaurea montana Bergflockenblume	40–50 cm	V – VIII	Blau	Staude mit Wildcharakter; anspruchslos
Geranium sanguineum Blut-Storchschnabel	10–50 cm	V – VIII	Leuchtendrot	Staude mit Wildcharakter; ideal ist sandiger, kalkhaltiger Boden, verträgt mehr Sonne; Sorten
Digitalis purpurea Fingerhut	100–140 cm	VI – VII	Rosa, Rot, Weiß	kurzlebige Staude, sät sich aus; lehmige, humusreiche Böden, vorzugsweise sauer; Sorten
Campanula portenschlagiana Dalmatiner Glockenblume	40–60 cm	VI – VII	hell Blauviolett	Polsterförmige Staude; möglichst sandiger Boden
Campanula glomerata Knäuel-Glockenblume	15–60 cm	VI – VIII	Weiß, Blauviolett	Staude; relativ anspruchslos, aber nicht zu trocken; Sorten
Verbena rigida Eisenkraut	20–40 cm	VI – IX	hell Blauviolett	Einjährig; nicht zu lange Schattenphase, Boden nährstoffreich
Tropaeolum majus Kapuzinerkresse	bis 3 m	VII – X	Gelb, Orange, Rot	Einjährige Kletterpflanze; humushaltige Böden, verträgt etwas Feuchte; Sorten
Cyclamen hederifolium Alpenveilchen	10–15 cm	IX – X	Weiß, Rosa	Knollenpflanze; Boden durchlässig und humushaltig

Pflanzen für schattige, eher feuchte Standorte

Die Pflanzen sind nach Beginn und Länge der Blütezeit angeordnet.

Name	Höhe	Blütezeit	Blütenfarbe	Anmerkungen
Helleborus Christrose	25–40 cm	II – IV	Grünlich-Gelb, Rottöne	Staude, Boden nicht zu feucht, nicht im Dauerschatten; ideal ist kalkhaltiger Boden; Arten und Sorten
Erythronium Hundszahn	15–40 cm	III – V	Weiß, Rosa bis Rot	Zwiebelpflanze; Boden humusreich und durchlässig; kein dauerhafter Vollschatten
Pulmonaria angustifolia Lungenkraut	20–30 cm	III – V	Weiß, Rot, Blau	Wildstaude, Farbwechsel der Blüten, gefleckte Blätter; Boden humushaltig; Sorten
Carex morrowii Japan-Segge	40–50 cm	IV	Gelb (Ähren)	Gras, Boden möglichst lehmig, humushaltig
Pachysandra terminalis Ysander	15–30 cm	IV	Weiß	Halbstrauch; langlebig und anspruchslos; kein dauerhafter Vollschatten
Ajuga reptans Kriechender Günsel	15–20 cm	IV – V	Blau	Wildstaude; Boden möglichst lehmig; Sorten
Epimedium pinnatum Elfenblume	20–30 cm	IV – V	Gelb	Staude; Boden nährstoffreich, humushaltig; weitere Arten und Sorten
Euphorbia amygdaloides Mandel-Wolfsmilch	30–60 cm	IV – V	Gelbliches Grün	Wintergrüne Staude; verträgt relativ viel Feuchte
Waldsteinia-Arten Waldsteinie	15–30 cm	IV – V	Gelb	Staude; relativ anspruchslos, allerdings keine verdichteten Böden
Myosotis sylvatica Vergissmeinnicht	15–30 cm	IV – VI	Blau mit hellem Auge	Zweijährig, sät sich selbst aus; Boden möglichst humusreich
Actaea-Arten Christophskraut	50–80 cm	V – VI	Weiß, unscheinbar	Stauden; sehr hübsche Beeren; Boden humusreich
Luzula sylvatica Wald-Hainsimse	30–50 cm	V – VI	Bräunlich (Ähren)	Gras; Boden locker und humusreich; Arten und Sorten mit weißrandigen Blättern
Smilacina racemosa Duftsiegel	60–90 cm	V – VI	Cremeweiß	Staude; Boden lehmig, humushaltig
Tiarella cordifolia Schaumblüte	15–30 cm	V – VI	Elfenbeinweiß	Staude, Bodendecker; Boden durchlässig, humusreich
Hydrangea anomala ssp. *anomala* Kletterhortensie	bis 10 m	VI – VII	Weiß	Kletternder Strauch; Haftwurzeln, wächst auch frei stehend; ideal ist leicht saurer Boden
Rodgersia podophylla Schaublatt	80–180 cm	VI – VII	Cremeweiß	Waldstaude; Boden durchlässig, humusreich
Calla palustris Sumpfkalla	15–30 cm	VI – VIII	weißes Hochblatt	Staude; Boden unbedingt feucht bis nass
Clematis vitalba Waldrebe	bis 10 m	VII – IX	Weiß	Kletternder Strauch; hübsche Früchte, wuchert stark

Pflanzen für schattige, eher trockene Standorte

Die Pflanzen sind nach Beginn und Länge der Blütezeit angeordnet.

Name	Höhe	Blütezeit	Blütenfarbe	Anmerkungen
Eranthis hyemalis Winterling	10 cm	II – III	Gelb	Knollenpflanze; Boden sollte etwas Feuchte enthalten und relativ locker sein
Cyclamen coum Frühlings-Alpenveilchen	10 cm	II – IV	Weiß, Rosa bis Rot	Staude; Boden unbedingt durchlässig, möglichst humusreich
Hepatica transsylvanica Leberblümchen	10–20 cm	III – IV	Blau	Staude; Boden möglichst lehmig und humusreich
Scilla bifolia Blausternchen	10 cm	III – IV	Blau	Zwiebelpflanze; jeder Gartenboden, möglichst humushaltig; weitere Arten
Bergenia cordifolia Bergenie	30–40 cm	IV – V	Weiß, Rosa bis Rot	Staude; anspruchslos, möglichst kein Dauerschatten; Sorten
Symphytum grandiflorum Kaukasus-Beinwell	20–30 cm	IV – V	Gelb	Staude; anspruchslos, Boden möglichst lehmig; weitere Arten
Clematis montana Waldrebe	bis 8 m	V	Weiß, Hellrosa	Sommergrüner, kletternder Strauch; sehr wüchsig, anspruchslos; weitere Arten und Sorten
Prunus laurocerasus Lorbeerkirsche	2–4 m	V	Weiß	Immergrüner Strauch; schnittfest, anspruchslos, giftige schwarze Früchte
Berberis gagnepainii var. lanceifolia Berberitze	1,50–2 m	V – VI	Goldgelb	Immergrüner Strauch; relativ anspruchslos; leichter Winterschutz empfehlenswert; mehrere Berberis-Arten vertragen trockenen Schatten, alle mit hübschen Beeren
Hesperis matronalis Nachtviole	60–100 cm	V – VI	Rosa bis Rotviolett	Wildstaude; Boden nährstoffreich und möglichst kalkhaltig
Vinca minor, V. minor Immergrün	15–20 cm	V – IX	Hellblau	Halbstrauch; sehr anspruchslos, verträgt feuchtere Böden
Cotoneaster salicifolius Zwergmispel	3–4 m	VI	Weiß	Meist immergrüner Strauch; elegante Wuchsform; jeder lockere Gartenboden; Sorten
Rubus odoratus Zimthimbeere	2–3 m	VI	Purpurrot	Sommergrüner Strauch; anspruchslos, treibt Ausläufer
Philadelphus-Arten Pfeifenstrauch	1–4 m	VI – VII	Weiß	Sommergrüne Sträucher; auf jedem Gartenboden, blühen reicher bei mehr Sonne; Sorten
Cymbalaria muralis Zimbelkraut	10 cm	VI – IX	Blau mit Gelb	Staude; anspruchslos, wurzelt gut in Mauerritzen
Hypericum calycinum Johanniskraut	bis 30 cm	VII – IX	Goldgelb	Immergrüner Strauch; möglichst leichte, humushaltige Böden; verträgt Rückschnitt nach Frost
Hedera helix Efeu	bis 20 m	IX – X	Gelblich	Immergrüner, kletternder Strauch mit Haftwurzeln; anspruchslos, aber möglichst humusreich; mehrere Sorten
Parthenocissus tricuspidata Wilder Wein	bis 10 m	–	unscheinbar	Sommergrüner, kletternder Strauch mit Haftscheiben; anspruchslos; etwas lichtbedürftiger ist die ähnliche *P. quinquefolia*

Literatur

Bärtels, Andreas, *Gartengehölze,* Stuttgart 1981

Berling, Rainer u.a., *Handbuch Garten,* München 1995

Brickell, Christopher Hrsg., *DuMont's Große Pflanzen-enzyklopädie,* Köln 1998

Brooks, John, *Naturnahe Gartengestaltung,* München 1998

Erhardt, Walter u.a., *Zander. Handwörterbuch der Pflanzennamen*, Stuttgart, 17. Auflage 2002

Hensel, Wolfgang, *Gartenspaß für Einsteiger,* München 1998

Hensel, Wolfgang/Becker, Jürgen, *Garten-Highlights,* Hilden 2004

Hertle, Bernd/Kiermeier, Peter/Nickig, Marion, *Gartenblumen,* München, 2. Auflage 1994

Hobhouse, Penelope, *Die schönsten Blumengärten,* Stuttgart 1992

Keil, Gisela/Becker, Jürgen, *Die Kunst der Beete,* München 2003

Kircher, Wolfram, *Wasserpflanzen für den Garten,* Stuttgart 1996

Kreuter, Marie-Luise, *Der Biogarten,* München, 21. Aufl. 2001

Niemeyer-Lüllwitz, Adalbert, *Arbeitsbuch Naturgarten,* Ravensburg 1989

Phillips, Roger/Rix, Martyn, *Sträucher,* München 1989

Schimana, Walter, *Prachtstauden. Die schönsten Arten und Sorten für das Staudenbeet,* Stuttgart 1993

Scholz, Almuth, *Steingarten anlegen und bepflanzen,* München 1996

Seipel, Holger, *Fachkunde für Gärtner,* Hamburg 2001

Simon, Herta, *Gartengestaltung,* München 1997

Strong, Roy, *Räume gestalten im Garten. Ideen für kleine Paradiese,* Köln 1994

Taylor, Jane, *Schattige Gärten, schön gestaltet,* München 1998

Gartenverzeichnis

Fotograf und Autor danken allen Gartenbesitzern sowie den Planern und Gärtnern der folgenden Gärten (PG = Privatgarten):

Arends/Staudengärtnerei D   S. 42/43

Arnoldshof NL, PG   S. 110

Botvliet NL, PG   S. 93, 96/97, 109 o.

Botanischer Garten Uni Düsseldorf D, öffentlicher Park
   S. 17 o.

Bellinghaus D, PG   S. 40

Bödeker D, PG   S. 65

Beiers, Dick (Planung) NL, PG   S. 66

Caesar BRD, PG   S. 106

Clopterop B, PG   S. 86, 98

Dünow D, PG   Planung Rösner/Papenfuß D   S. 6/7, 8

Deferme B, PG   S. 10, 80, 92

De Boer NL, PG   S. 12 o., 33

De Kempenhof NL, PG   S. 16, 23 o., 91

De Keukenhof NL, öffentlicher Park   S. 36

De Tintelhof NL, PG   S. 89

Dollemans NL, PG   S. 102

Duijnhoven NL, PG   S. 115 o., 117

De Witte B, PG   S. 116

Englischer Garten München D, öffentlicher Park   S. 9

Grugapark Essen D, öffentlicher Park   S. 19 o., 76,
   84/85, 108

Groenewegen NL, PG   S. 88

Helder NL, PG   S. 70/71, 94 o.

Jac. P. Thijsse Park NL, öffentlicher Park   S. 94 u., 95

Knighthayes Court GB, öffentlicher Park   S. 34/35

Kloeg NL, PG   S. 103

Lucenz/Bender D, PG   S. 1, 21, 23 u., 24, 38, 69 u. re.,
   84 o. li.

Lambregts NL, PG   S. 26 u.

Lauxterman NL, PG   S. 62

Leonardslee GB, PG   S. 83

Meesman NL, PG   S. 73

Mien Reuys NL, öffentlicher Garten   S. 109 u.

Overhagen/Gärtnerei NL   S. 39, 48

Oudolf, Piet und Anja NL, PG   S. 46, 54, 55

Poley-Bom NL, PG   S. 12 u., 104

Priona Tuinen NL, PG   S. 19 u., 56/57

Rapphold D, PG Planung: Püschel D   S. 4 M., 41

Rosarium im Westfalenpark Dortmund D, öffentlicher Park
   S. 58, 59, 61

Stuurman NL, PG   S. 113

Schlosspark Benrath D, öffentlicher Park Pflanzengestaltung:
   Orel D   S. 44

The Bell House GB, PG   S. 120/121

t'Hof Overwellingen NL, PG   S. 2/3, 11, 31, 87, 105 o.
   und u., 111

Tresco Abbey GB, öffentlicher Garten   S. 47

The Gables GB, PG   S. 72

Trengwainton GB, öffentlicher Park   S. 77 o. und u., 107

Trebah Garden GB, öffentlicher Park   S. 78/79

Voute NL, PG   S. 81

Wenninger D, PG Planung: Püschel D   S. 49

Westfalenpark Dortmund D, öffentlicher Park   S. 52/53,
   S. 83/84, 118/119,

Zwaan NL, PG Planung: Henk Weijers NL   S. 64

Impressum
Bibliografische Information Der Deutschen Bibliothek
Die Deutsche Bibliothek verzeichnet diese Publikation
in der Deutschen Nationalbibliografie; detaillierte
bibliografische Daten sind im Internet über
<http://dnb.ddb.de> abrufbar.

© 2004 Deutsche Verlags-Anstalt GmbH, München
Alle Rechte vorbehalten
Umschlagreihenentwurf:
Theodor Bayer-Eynck, Coesfeld
Gestaltung: Monika Pitterle
Lithographie, Druck und Bindung:
Fotolito Longo, Bozen
Printed in Italy

ISBN 3-421-03461-3